GENETIC MECHANISM AND
DEVELOPMENT OF
DEEP KARST GEOTHERMAL SYSTEM IN
THE UPLIFT ARCH ZONE OF
CANGXIAN COUNTY, HEBEI PROVINCE

河北沧县台拱带

深部岩溶地热系统
成因机制及开发利用

齐俊启　王卫民　李学文
牛小军　王晓军　边　凯　著

北京理工大学出版社
BEIJING INSTITUTE OF TECHNOLOGY PRESS

图书在版编目(CIP)数据

河北沧县台拱带深部岩溶地热系统成因机制及开发利用 / 齐俊启等著.
—北京:北京理工大学出版社,2020.4
ISBN 978 – 7 – 5682 – 8308 – 3

Ⅰ.①河…　Ⅱ.①齐…　Ⅲ.①岩溶 – 地热系统 – 成因 – 研究 – 沧县②岩溶 – 地热系统 – 资源开发 – 研究 – 沧县③岩溶 – 地热系统 – 资源利用 – 研究 – 沧县　Ⅳ.①P314.2

中国版本图书馆 CIP 数据核字(2020)第 049929 号

出版发行 / 北京理工大学出版社有限责任公司
社　　　址 / 北京市海淀区中关村南大街 5 号
邮　　　编 / 100081
电　　　话 / (010)68914775(总编室)
　　　　　　(010)82562903(教材售后服务热线)
　　　　　　(010)68948351(其他图书服务热线)
网　　　址 / http://www.bitpress.com.cn
经　　　销 / 全国各地新华书店
印　　　刷 / 保定市中画美凯印刷有限公司
开　　　本 / 710 毫米 × 1000 毫米　1/16
印　　　张 / 13.25
彩　　　插 / 6　　　　　　　　　　　　　　　　责任编辑 / 张海丽
字　　　数 / 198 千字　　　　　　　　　　　　　文案编辑 / 张海丽
版　　　次 / 2020 年 4 月第 1 版　2020 年 4 月第 1 次印刷　责任校对 / 杜　枝
定　　　价 / 52.00 元　　　　　　　　　　　　　责任印制 / 王美丽

《河北沧县台拱带深部岩溶地热
系统成因机制及开发利用》

参 编 人 员

齐俊启	王卫民	李学文	牛小军	王晓军
边 凯	李文彬	李如刚	邢青春	赵福生
王东明	牛 飞	郭永宣	孙贵生	赵建国
赵金举	董广智	牛志强	张宏亮	李晓磊
张俊超	郝丛杰	赵永强	沈石凯	马振磊

前　言

　　地热能是蕴藏在地球内部的一种清洁低碳的热能资源，地热资源的开发利用对有效改善生态环境具有重要意义。深部热储地热资源属于战略性接替能源，自20世纪70年代以来，美国、英国、法国、德国、日本、澳大利亚等国家先后开展了深部热储（包括干热岩）研究工作。我国深部热储研究起步较晚，但近几年发展较快，目前全国已有多省开始了深部热储资源科学钻探。我省环境形势十分严峻，大气污染防治任重道远，减少化石能源的使用，加快深部热储资源的勘查开发势在必行。

　　目前，针对浅部热储开展了大量地质勘查工作，对浅部地质、水文地质条件有了较为深刻的认识，而对深部热储的赋存特征研究不足。究其原因，深部钻探勘查风险大、成本高是深部地热开发的最大障碍，致使深部热储研究程度较低，也是阻碍地热发电产业发展的主要因素。

　　为了推动我省深部地热资源开发利用，河北省煤田地质局水文地质队对河北省中部平原沧县台拱带进行了大量的大地电磁测深工作，在对深部地热资源研究和潜力评估的基础上，成功完成了京津冀首个深部热储参数孔，孔深4 025.82 m，取得深部温度场一系列物性参数。通过该工作，初步了解了研究区内深部地热资源的空间分布状况，了解了施工区断裂构造的赋存状况；查明了参数孔4 km以浅的地层层序；揭穿了蓟县系地层，终孔层位为长城系高于庄组，发现了长城系中温热储层，4 004.93 m温度达107.56 ℃，出口水温103.50 ℃，可以广泛应用于发电、供暖、养殖、洗浴等。

　　献县地热田位于河北省中部平原沧县台拱带，研究区内以北东及北北东向断裂构造为主，东部边界构造为沧州—大名深断裂，南部为无极—衡水大断裂，西部为次一级断裂，构成了与冀中台陷的分界线。已有研究表明，该区域地热田地热资源丰富，地热流体温度较高。研究区平原地下水受补径排及构造条件的控制，在半封闭或封闭状态下形成 Cl – Na 型地下水。由于研究区深部地热资源研究程度较低，导致地热资源开发利用较难，其关键在于深部热储成藏及形成情况尚不清楚，亟须深入研究该区域地热田的成藏机制。

献县地热田地热资源丰富，利用地热流体携带的信息，间接了解深部热储温度、岩石特性、地热流体运动过程所发生的物理化学过程，经过与深部热储的地球物理探测结果和极少量钻孔直接揭露结果的佐证，加强对深部地热系统水文地球化学过程及成因模式的认识。本次地热研究为推动地热经济的发展和京津冀绿色能源的利用具有重要的现实意义，也对本地区干热岩资源深度判断、区域地热研究及深部热储开发问题的解决具有重要意义。

目　录

1

绪　　论

1.1　研究背景和意义

我国环境问题十分严峻，大气污染等问题已严重影响到人民的生活和生产，京津冀地区尤为突出。社会发展离不开能源支持，减少化石能源的使用，寻找更多的洁净能源势在必行。而地热资源因其绿色环保、可持续性强（受季节、气候、昼夜等自然条件影响较小），其潜在开发利用价值被越来越多的人关注。

地热流体是指地球内部以流体形式存在的地热资源，它是储存于地球内部的一种巨大的能源，也是一种清洁的能源。由于化石能源的长期开发利用，环境污染问题日益严峻，而地热资源的开发利用对于践行建设生态环保型城市具有较强的推动作用。

目前，针对浅部热储开展了大量地质勘查工作，对浅部地质、水文地质条件有了较为深刻的认识，而对深部热储的赋存特征研究不足。究其原因，深部钻探勘查风险大、成本高是深部地热开发的最大障碍，致使深部热储研究程度较低，也是阻碍地热发电产业发展的主要因素。

为了推动我省深部地热资源开发利用，河北省煤田地质局水文地质队对河北省中部平原沧县台拱带进行了大量的大地电磁测深工作，在对深部地热资源研究和潜力评估的基础上，成功完成了京津冀首个深部热储参数孔，孔深 4 025.82 m，取得深部温度场一系列物性参数。初步了解研究区内深部地热资源的空间分布状况，了解了施工区断裂构造的赋存状况；查明了参数孔 4 km 以浅的地层层序；揭穿了蓟县系地层，终孔层位为长城系高于庄组，发现了长城系中温热储层，4 004.93 m 温度达 107.56 ℃，出口水温 103.50 ℃，可以广泛应用于发电、供暖、养殖、洗浴等。

深部地热流体通常蕴含着丰富的地质作用信息，其地球化学特征能够反映深部水—岩—气反应等重要地质作用及过程。通过构造特征和水文地球化学特征，可以深入研究热储资源的形成机理。华北地区深部地热系统成藏机制尚不清楚，如 4 km 以深的高温型地热系统形成机理尚不完善，故在华北地区选择典型地热田进行研究具有较强的现实意义。

献县地热田位于河北沧县台拱带，研究表明该区域地热田地热资源丰富，地热流体温度较高。地热流体的水文地球化学、气体地球化学及同位素地球化学指标蕴含着有关深部地质环境丰富的信息，是了解地热流体系统的重要方法，也是地热能勘查过程中研究地下热储的最为经济有效的手段之一。因此，利用地热流体携带的信息，间接了解深部热储温度、岩石特性、地热流体运动过程所发生的物理化学过程，经过与深部热储的地球物理探测结果和极少量钻孔直接揭露结果的佐证，加强对深部地热系统水文地球化学过程及成因模式的认识，为指导后期地热资源的开发利用提供基础参考依据，对推动我省乃至全国地热资源的开发利用，增强能源保障能力，促进节能减排，积极应对全球气候变化具有十分重要的意义。

1.2 研究现状和存在的问题

1.2.1 国内外发展研究现状及发展动态分析

1. 地热温标

地热流体中化学组分、微量元素、气体成分等化学常量指标数据，携带了有关深部地质环境丰富的信息。国内外学者对不同区域地热流体的水文地球化学特征问题开展了大量的研究工作，如：

1967 年，Bowers 等通过大量的研究实验，建立了 600 余种相应的地质相图；White 从热源、水源、热储层及盖层四方面论述了经典的水热系统模型。

人们常用地球化学温度计来推测深部地热储层的温度，其中常用的有 SiO_2 温度计、阳离子温度计等；1973 年，Fournier 和 Truesdell 提出了 Na – K – Ca 温度计，Fournier 随后于 1977 年建立了 SiO_2 地热温度计公式，用于估算地热系统的热储层温度；1987 年，Nieva 提出了组合温度计，即通过 K、Na、Ca、Mg 离子来估算相应热储的温度。1988 年，Giggenbach 研究了岩浆流体运移过程中同围岩发生水岩相互作用等一系列的溶质平衡反应过程。

本次研究的对象为 4 km 以深的岩溶含水层，通过深部钻探取得水样数据，将应用温标公式估算的结果与钻孔热储层温度实测值进行对比分析验证，并找出适合本区内热储评价的温标方法，加以推广使用。沧县台拱带位于河北省中部平原，属于地热异常区，区内岩溶热储较为发育；物探钻探资料显示研究区不同深度区段地温梯度不同，差异较大。本书将利用地热温标估算沧县台拱带深部热储温度，应用 PHREEQCI 软件以及 Na – K – Mg 平衡图来研究矿物—流体的平衡状态，为区内地热温标的选取以及在实际工程中的应用提供实例。Na – K – Mg 经典三角图解可以研究地热流体的起源和形成机理。

2002 年，刘久荣等通过地热水化学特征等对北京某地热田进行了研究；2003 年，王广才等利用同位素方法研究了延怀地热流体的化学特征，总结了研究区的地热成因模式；2014 年，Spycher 改进多组分溶质地温计，使热储温度能够得到精细测量。

在华北典型的中低温地热田研究过程中，陈墨香于 1988 年主编出版了《华北地热》一书，详细地阐述了华北地区地热的分布情况和热储特征；国内许多专家学者从不同的角度对华北不同地热异常区论证阐明了地热田的具体情况，主要包括地层地温、水化学特征、地温梯度、成因机制、地温场特征、地热分布特征、资源利用前景等。

2. 同位素水文学方法

20 世纪初，Nier 等提出同位素水文学方法。同位素水文学方法在地热学中的研究和应用相对较早，早在 1953 年，Craig 就通过同位素水文学方法研究表明地热系统中热水主要为大气降水；Sakai 在 2003 年研究了热储中的硫同位素的运移和指示特征；2014 年 Tan 等以西藏高温热储地热水的氢氧稳定同位素数据分析了其地热系统的循环过程，认为研究区地热水受到流体快速循环和岩浆水升流的作用。

同位素技术也可用于判断地热水的来源及其组成。比如可以应用氚和 ^{14}C 判断地热水的年龄，利用氢氧同位素技术推测地热流体的补给源，利用氦同位素可以判断幔源物质的混入比例。

3. 水—岩反应

2003 年，Valentino 对 Phlegraean 地热田的水化学元素进行了研究，认为该地热田主要是因为海水在较高温度下发生了水—岩反应；2008 年，马致远利用同位素法对关中盆地地热水进行了研究，认为其水岩反应以碳酸盐溶解为主；2013年，Göb 研究德国西南部热水主微量组分，认为该区地热水的水化学类型是由于长期的水—岩作用形成的。

本书主要利用同位素和水文地球化学特征结合的研究方法，深入分析地热流体的补给来源和相邻热储含水层之间的水力联系。

4. 水文地球化学特征

1983 年，Chepelle 通过研究马里兰地热水利用组分分布模型将其分为未饱和区、饱和区和过饱和区；1997 年，Parkhurst 提出了摩尔—平衡公式；1998 年，王焰新应用软件 Netpath2.0 分析了泉域地表水和岩溶地下水的混合比例；2001年，Xu 和 Pruess 建立了多相流理论和方法；2004 年，El Naqa 等应用软件 Phreeqc 分析了 Tannur 大坝内水流的水文地球化学过程；2008 年，Sekhar 研究了 Nsimi 实验地的水文地球化学反应；2018 年，李常锁使用 Pipper 三线图等方法对济南北部地热系统水化学特征和形成机理进行了研究。

1.2.2 存在的问题

（1）水文地球化学方法在地热研究中发挥着重要作用，研究区热储层（尤其是深部热储）地热流体的水文地球化学特征有待深入研究。

（2）深部钻探成本高且风险大，而地球物理探测结果和地热流体化学及同位素方法分析结果往往与实际情况有一定出入，应用效果较差，有待进一步对不同勘查结果的综合分析进行研究。

1.3　研究内容与技术方法

1.3.1　研究目标

为了推动河北省地热资源的开发利用，选择典型的中低温型地热田（河北沧县台拱带地热田）为研究对象，在对本区地热资源进行研究和潜力评估的基础上，施工一个参数孔，初步了解研究区内地热资源的空间分布状况，取得深部温度场一系列物性参数，研究地热流体的水文地球化学反应和地热系统的热储温度，总结河北沧县台拱带地热系统的成藏模式，预测深部热储资源，最后为河北沧县台拱带地热资源的开发利用提供合理的建议。本次探查工作的研究目标如下：

（1）初步查明研究区内地层、构造及岩浆活动情况。

（2）初步查明研究区地热增温率、干热岩资源埋深。

（3）初步查明研究区大地热流值、岩石热导率、岩石生热率、岩石比热等相关参数的垂向分布特征。

（4）验证建立的干热岩温度场空间模型。

（5）初步查明研究区干热岩资源赋存状况。

（6）估算水热型地热资源量和干热岩资源量，为热储资源的合理开发利用和干热岩资源的进一步勘查利用提供地质依据。

1.3.2　研究内容

针对因河北平原中部深部热储研究程度较低而造成的开发利用困难的问题，从研究区地质构造和地层结构入手，研究其地温场特征、地热显示特征、热储特征和地热地质特征，选取典型区实地采样，根据测试结果分析深部地热流体水化学和同位素特征，根据研究区不同地层地温梯度估算深部热储温度，识别地热流体化学组分来源，通过抽水试验及压裂试验获取含水层的水文地质参数，评价不同含水层之间的水力联系；最终结合地球物理探测和钻探等成果，验证研究结果，揭示研究区深部地热系统源、运、储、盖的形成机制和深部热储成藏模式，估算研究区水热型地热资源量，分析干热岩资源潜力，预测深部地热资源的开发利用前景，并在全书论述的基础上得出合理结论并给出相关建议。

1.3.3 技术方法

开展地热地质调查、样品测试分析和数据分析，综合地热流体特征和地层地温梯度，总结中低温地热系统及深部地热系统的成藏机制。研究技术路线如图1-1所示。

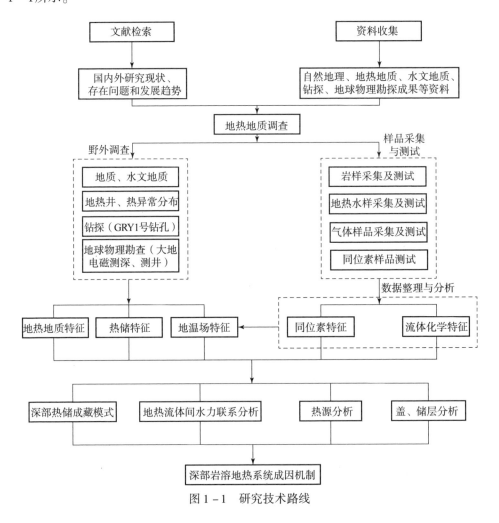

图1-1 研究技术路线

1.4　本书研究工作的特色及创新之处

本书研究工作的特色及创新之处主要有：

（1）通过分析地热水的主微量元素含量，判断相邻含水层之间是否具有水力联系，在此基础上概括了研究区深部热储地热系统的成因机制。

（2）从区域地热地质背景入手，通过 GRY1 号钻孔 4 025.82 m 钻深验证，分析了河北沧县台拱带深部地热田中低温地热系统的形成机理，完善了华北地区深部地热系统的成因机制，并为其进一步高效利用提供了合理的建议。

（3）查明了参数孔 4 km 以浅的地层层序，揭穿了蓟县系地层，终孔层位为长城系高于庄组，发现了长城系中温热储层，并在地热钻孔中开展了压裂试验，通过压裂试验获得相关参数，为深部碳酸盐岩热储改造积累了宝贵经验，为华北平原区深地探测奠定了一定的基础。

（4）完成了河北沧县台拱带深部岩溶含水层热储的资源勘查工作，为华北平原区深部地热资源勘查提供了技术依据，为深部地热资源勘查规范的制定奠定了基础，对华北地区深部水热型地热资源以及干热岩的勘探开发具有一定的参考意义。

（5）预测了区内干热岩赋存状况，GRY1 号钻孔虽然没有直接揭露干热岩，但是依据所揭露的地层及地温场特征推算了 GRY1 号钻孔 150 ℃埋藏深度为 5 400 m，岩性为石英砂岩，符合干热岩资源赋存的地质条件，并在此基础上估算了干热岩的资源量。

2

区域地质概况
及探查

本章将系统地介绍研究区——河北省中部平原沧县台拱带地热田的自然地理概况、气象水文，以及通过大地电磁测深、钻探和构造，了解区域地质概况和地热地质背景，为进一步分析研究区的地球物理特征、地热流体特征和地下深部热储特征提供可靠的基础性依据。

2.1 自然地理概况

研究区位于河北省平原区中部，东部以沧州—吴桥一线为界，西部以武邑—献县—大城县一线为界，北部以天津市与河北省分界线为界，南部大体以衡德高速一线为界，面积约为 6 396 km^2。

2.1.1 地形地貌

研究区位于河北平原中部，为由冲积平原向滨海平原的过渡地带，整个地形西南高、东北低。西南武邑县较高，海拔标高 +21 m；东北较低，海拔标高 +4 m。高差 17 m。

2.1.2　水文

研究区地表水系发育，主要河流有：子牙河、子牙新河、南运河等。

1）子牙河

子牙河从研究区西部边界穿过，是海河水系西南支，由发源于太行山东坡的滏阳河和发源于五台山北坡的滹沱河汇成。两河于献县臧家桥汇合后，始名子牙河，流经山西、河北两省和天津市，河流全长约 706 km，流域面积 7.87 万 km²。近年来由于华北地区干旱严重，子牙河天津段常年断流。

2）子牙新河

子牙新河于 1960 年开挖，1967 年建成，为自献县经南运河至天津北大港的引子牙河水东流入渤海的人工排洪河道，自研究区西部流入，从研究区东北部流出，全长 143 km，属于季节性河流。其位于河北省东南部，是海河水系治理工程之一，是为了分泄子牙河上游滹沱河与滏阳河汛期的洪水，减轻海河排泄入海的负担而建的。

3）南运河

南运河流经研究区的东部边界，南起山东省临清市，流经德州，再经河北省东光、泊头、沧县、青县入天津市静海区，又经西青区杨柳青入红桥区，流经红桥区南部，至三岔河口与北运河汇合后入海河。南运河全长 509 km，是世界上开凿最早、最长的人工河——京杭大运河的一部分，也是京杭大运河在华北的主要河段，属于季节性河流。

2.1.3　气象

本区地处中纬度地带，属暖温带半湿润大陆季风气候，四季分明，温度适中，光照充足，雨热同季，降水集中，灾害性天气时有发生，春旱、夏涝、秋爽、冬干已成规律。多年平均气温为 12.90 ℃，自有资料记载以来，本区历史极端最高气温为 42.90 ℃，极端最低气温为 - 20.60 ℃。常年降水量在 550 ~ 700 mm，多年平均降水量为 605 mm，主要集中在夏季，7 月和 8 月占60% 左右，多年平均无霜期为 188 天，最大冻土深度为 600 mm，恒温带深度为 25 m。

2.1.4 社会经济概况

研究区为河北省粮、棉、油集中产区之一，是京津冀无公害蔬菜主要供应基地和中国北方知名的优质牧草基地、畜牧生产基地，金丝小枣和鸭梨等土特产以其优良的品质驰名中外，是传统的出口创汇产品。近年来，随着经济的发展，轻工业成为本区的支柱性产业。

 ## 2.2 大地电磁测深

2.2.1 大地电磁测深的目的及规程规范

（1）初步探查施工区内无穷大电性标志层的起伏变化。

（2）初步了解施工区内断裂发育程度。

（3）通过电性特征大致了解地层分层情况。

依据的规程规范：《大地电磁测深法技术规程》（DZ/T 0173—1997）。

2.2.2 电磁测深内容及测深结果

本次共完成电法测线 3 条，测线总长度为 30 km，坐标物理点 33 个，试验点 2 个，孔旁测深点 1 个，合计完成大地电磁测深物理点 36 个，完成设计工作量，并完成了《河北省中部平原沧县台拱带干热岩资源预查大地电磁测深勘查报告》的初步编制工作。

具体内容见表 2－1。

为了对定量处理结果做出合理的解释，对该区的地质资料，特别是对已知钻孔资料以及区域性相关资料进行了收集整理和认真分析研究，结合本次地质任务，对反演结果进行了认真细致的推断解释。

表 2 - 1　电磁测深内容统计表

线号	测线长度/m	设计物理点/个	实际完成工作量/个
A	9 000	10	10
B	12 000	13	13
C	9 000	10	10
试验点	—	2	2
孔旁测深点	—	—	1
合计	30 000	35	36

由已知钻孔和测井曲线结合本次大地电磁测深反演电阻率值，推测出相应地层的电性及埋深情况：第四系平原组，主要为灰黄、黄色的亚黏土、亚砂土与砂的互层，松散未成岩，电阻率值表现为小于 40 Ω·m；上新近系明化镇组上段，视电阻率一般在 16 ~ 20 Ω·m；上新近系明化镇组下段地层，为灰绿色、棕红色泥岩夹灰绿色、灰白色砂岩，视电阻率值在 10 Ω·m 左右。中元古界蓟县系上部岩性由碎屑岩和黏土岩组成，其中雾迷山组为本次预查的目的层，雾迷山组岩性和层序稳定，以富镁碳酸盐岩为主，燧石含量高，富含叠层石和有机质为主要特征，沉积相为滨海—浅海—滨海相多韵律沉积，根据附近钻孔测井曲线显示蓟县系视电阻率值较高，上部碎屑岩和黏土岩视电阻率值表现为大于 600 Ω·m，下部白云岩表现为大于 2 000 Ω·m。

电阻率断面图的底部横坐标表示剖面长度（测点），纵坐标表示地层标高，单位为 m；电阻率单位为 Ω·m。

1）A 线反演电阻率断面图（图 2 - 1）

该测线共布设 10 个测点，点距 1 km，剖面长度 9 km。从已知的区域地质平面图可知，A 线为第四系覆盖区。结合断面图的电性分析来看，A 线整条测线为新生界覆盖，地层较厚，为 1 km 左右，在反演电阻率断面图上表现为蓝色区域，反演电阻率小于 200 Ω·m。根据 A 线 5、6 号点之间已知钻孔"XX24"揭露地层信息显示，新生界底界埋深大于 1 300 m，基本与断面图蓝色区域及浅蓝色相符，该已知钻孔终孔 1 300 m，未打穿新生界，结合反演电阻率断面图，"XX24"终孔位置未达到黄色区域，与钻孔实际相符。根据 A 线 1 号点附近已知钻孔"献

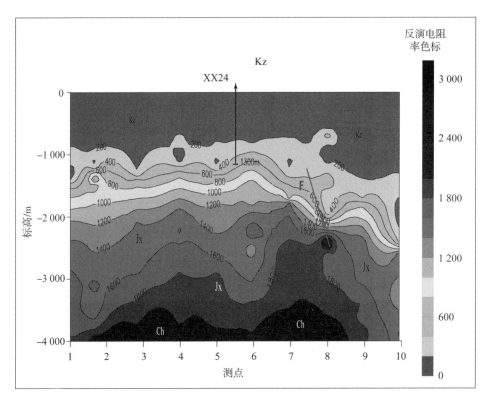

图 2-1 A 线反演电阻率断面图（见彩插）

电热 2 井"揭露地层显示，1 458.8 m 为新生界底，新生界直接覆盖在蓟县系地层之上，结合断面图分析，黄色及红色区域为蓟县系地层，反演电阻率大于600 Ω·m。在 A 线 1 号点处，蓟县系与上伏地层分层深度约 1 500 m，与钻孔资料相符。总览 A 线反演电阻率断面图，通过已知钻孔资料和大地电磁测深资料综合分析，推断蓟县系地层为无穷大电性标志层，即断面图上反演电阻率值为600 Ω·m 的黄色分界线，1 号点埋深在 1 500 m 左右，自西向东埋深逐渐变浅，至 6 号点处埋深约 1 100 m，自 7 号点向东埋深逐渐变深，在 8 号点处反演电阻率等值线变密变陡，推测该处可能有断层（DF1）存在。

2）B 线反演电阻率断面图（图 2-2）

该测线共布设 13 个测点，点距 1 km，剖面长度 12 000 m。从已知的区域地质平面图可知，A 线为第四系覆盖区。结合断面图的电性分析来看，B 线整条测线为新生界覆盖，地层较厚，为 1 km 左右，在反演电阻率断面图上表现为蓝色

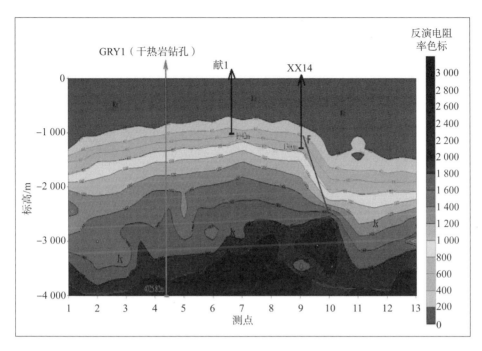

图 2-2 B 线反演电阻率断面图（见彩插）

区域，反演电阻率小于 200 Ω·m。根据 B 线 6、7 号点之间已知钻孔"献 1"揭露地层显示，新生界底界面埋深 1 032 m，结合反演电阻率断面图，1 032 m 以浅为蓝色区域，反演电阻率值小于 200 Ω·m，推断为新生界地层。依据附近已知钻孔测井曲线，奥陶系地层与蓟县系上段地层电性差异不明显，"献 1"钻孔于 1 042 m 处揭露奥陶系地层未能在断面图上显示出来。根据 B 线 9、10 号点之间已知钻孔"XX14"揭露地层信息显示，新生界底界埋深大于 1 300 m，基本与断面图蓝色及浅蓝色区域相符，该已知钻孔终孔 1 300 m，未打穿新生界，结合反演电阻率断面图，"XX14"终孔位置未达到黄色区域，与钻孔实际相符。总览 B 线反演电阻率断面图，通过已知钻孔资料和大地电磁测深资料综合分析，推断蓟县系地层为无穷大电性标志层，即断面图上反演电阻率值为 600 Ω·m 的黄色分界线，1 号点埋深在 1 500 m 左右，自西向东埋深逐渐变浅，至 7 号点处埋深约 1 100 m，自 8 号点向东埋深逐渐变深，在 9、10 号点之间反演电阻率等值线变密变陡，推测该处可能有断层（DF1）存在。

3）C 线反演电阻率断面图（图 2 - 3）

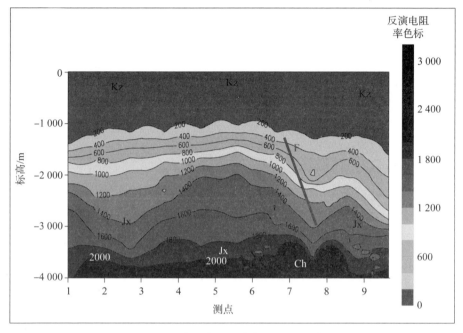

图 2 - 3　C 线反演电阻率断面图（见彩插）

该测线共布设 10 个测点，点距 1 km，剖面长度 9 km。从已知的区域地质平面图可知，C 线为第四系覆盖区。结合断面图的电性分析来看，C 线整条测线为新生界覆盖，地层较厚，为 1 200 m 左右，在反演电阻率断面图上表现为蓝色区域，反演电阻率小于 200 Ω·m。总览 C 线反演电阻率断面图，综合分析，推断蓟县系地层为无穷大电性标志层，即断面图上反演电阻率值为 600 Ω·m 的黄色分界线，1 号点埋深在 1 700 m 左右，自西向东埋深逐渐变浅，至 6 号点处埋深约 1 100 m，自 7 号点向东埋深逐渐变深，在 8 号点处反演电阻率等值线变密变陡，推测该处可能有断层（DF1）存在。

4）确定参数孔孔位

河北省地质勘查基金项目管理中心组织相关专家，在石家庄市召开了河北省中部平原沧县台拱带干热岩资源预查定孔会议。会上，水文队介绍了 MT 的工作情况及成果，提出了拟定孔位，坐标（X, Y）为：（20427296.00，4230824.00）。专家对大地电磁测深资料进行了分析研究，认为大地电磁测深工作部署合理，原始资料可靠，解释成果可以作为钻孔布置施工的依据，证实了设计孔位的合理性，同意水文队提出的钻孔孔位，确定了河北省中部平原沧县台拱带干热岩资源预查参数孔的位置，参数孔编号为 GRY1。

研究区边界拐点坐标见表 2-2。

表 2-2 研究区边界拐点坐标一览表（80 坐标系）

点号	经度	纬度	点号	经度	纬度
1	116°34′34″	38°39′07″	4	115°47′50″	37°44′49″
2	116°59′48″	38°39′12″	5	115°59′42″	38°12′08″
3	116°15′28″	37°27′31″	—	—	—

研究区中心距北京约 250 km，东距沧州市约 50 km，南距山东德州市约 100 km，西距衡水市约 70 km；京沪铁路、京沪高速、104 国道从本区东侧通过；大广高速、京九铁路从本区西侧穿过，黄石高速、保沧高速分别从中部和北部横穿本区，衡德高速从本区南侧通过，各县乡镇均有省道和县道连接，交通极为便利。GRY1 号钻孔位于献县梅庄洼农场内。

2.3 钻探工作

2.3.1 钻探目的及规程规范

查明本区的地层层序；了解控制本区构造的发育程度；获取本区覆盖层的保温隔热条件和地热流体特征的地质资料，并在此基础上取得有代表性的热物性参数评价干热岩资源开采技术条件。

参照的规程规范有：

（1）《地热资源地质勘查规范》（GB/T 11615—2010）。

（2）《地热钻探技术规程》（DZ/T 0260—2014）。

（3）《工程测量规范》（GB—50026—2007）。

（4）《全球定位系统（GPS）测量规范》（GB/T 18314—2009）。

（5）《河北省中部平原沧县台拱带干热岩资源预查大地电磁测深勘查设计》。

2.3.2 孔位测量

1. 孔位的确定

根据大地电磁测深勘查成果并结合相邻的献电热 1 井、献电热 2 井、献县茂源高庄地热井和献县茂源滨河地热井的钻孔资料，以及本区大地电磁测线上的献 1 井资料，经反复分析研究发现，在本次施工的 B 线 4 号点和 8 号点之间目的层埋深相对较浅，地层连续性较好，大地电磁测深成果已证实了设计孔位的合理性，因此按项目设计孔位进行施工。

GRY1 号钻孔设计孔位具体坐标如下：

X：4230744.852；

Y：20427194.321；

H：16.83 m。

2. 测量内容

本次测量工作进行了勘查区的控制测量及钻孔的施工放样测量。设计合理，工作方法得当，测量工作的各类成果资料齐全，施工精度可靠，满足了本阶段地质勘查工作的需要。测量组进驻工区完成全部测量外业工作，实测钻孔 1 个。

3. 现有资料及利用

在本区内及外围有足够的国家等级 GPS 控制点，B 级三角点 1150、D 级三角点米各庄、杨张各闸两点位于测区附近，其成果为 1980 年西安坐标系、1985 国家高程基准。这些控制点可以作为本次测量施工的起算点和检查点使用。本区野外施工及成果提交 1980 年西安坐标系，中央子午线为 117°，6°分带；高程基准采用 1985 国家高程基准测量成果。

4. 外业施测及内业计算

1）勘查控制网测量

GPS 控制测量使用南方测绘公司"瑞得 R90"GPS 接收机，在等级控制点上设基站，采用 RTK 方法测定 GPS 支点。工作前对动态 GPS 进行重合点检测，检测精度满足施工要求时才进行测量工作。作业前在 1150 控制点进行参数校正，再在杨张各闸点进行校正参数检查，测得 $\Delta X = -0.063$ m，$\Delta Y = -0.032$ m，$\Delta H = -0.131$ m。点位及仪器均可靠，其精度符合要求。

2）放样测量

外业施工采用 1980 年西安坐标系，中央子午线为 117°，6°分带；1985 国家高程基准测量成果。本区钻孔放线施工使用南方测绘"瑞得 R90"GPS 接收机进行施工，仪器标称水平精度为 ±1 cm + 1 ppm，垂直精度为 ±2 cm + 1 ppm[①]。施工使用点放样作业方法进行点位放样。

钻孔放样坐标（X，Y）为（4230744.852，20427194.321）；高程 H 为 16.83 m。

3）钻孔复测及定位测量

钻塔安装以后对钻孔进行复测及定位测量。使用"瑞得 R90"GPS 接收机，套用控制测量时求取的 COT 参数文件，到杨张各闸点进行单点校正，求取校正参数。用 RTK 测量钻孔。实测钻孔最大误差 $\Delta X = 0.033$ m，$\Delta Y = 0.026$ m，$\Delta H = 0.159$ m，精度满足《工程测量规范》（GB—50026—2007）要求。

4）内业计算

用 RTK 对勘查钻孔进行定位测量时，选取的最大精度因子（PDOP）值为 1.53，最少观测卫星数量为 8 颗。外业采集成果直接传输到计算机中。资料整理采用专业程序在计算机上进行。对多测回数据求取平均值，处理机台高度，编辑输出。钻孔平面位置均在 CAD 中展点检查并与设计坐标进行了比较，差值符合规程限差要求。

测量工作符合现行《工程测量规范》（GB—50026—2007）及勘查区设计要求。

钻孔中心实测坐标（X，Y）为（4230744.737，20427194.129），高程 H 为 16.80 m，平面误差 0.033 m，高程误差 0.159 m，平面限差 1.000 m，高程限差 0.400 m。

2.3.3　工程测量

定点定线测量是电法勘探的基础工作，其目的是为电法施工布设准确位置的

---

① 1 ppm = 10^{-6}。

勘探测线，并且及时提供各条测线的端点平面位置及测点高程。坐标系统采用1980 西安坐标系，高程采用 1985 国家高程基准。

本区测量工作执行《工程测量规范》（GB—50026—2007）和《全球定位系统（GPS）测量规范》及本设计，所有 MT 测点按理论坐标，并结合实地情况，采用通信卫星差分 GPS 定位仪定点，标称定位精度为 ±0.30 m。工作前在已知控制点上进行了校对，实际定点时偏差控制在点距的 5% 以内，当遇有障碍物时可根据实际情况定点。

测量组自 8 月 27 日进驻工区，到 9 月 6 日完成全部测量外业工作，共放样电法测线 3 条，测线总长度为 30 000 m。其中 C 线长度为 9 km，B 线长度为 12 000 m，A 线长度为 9 km。

1. 已有资料及利用

在本区内及外围有足够的国家等级 GPS 控制点，其 B 级三角点 1150、D 级三角点米各庄、杨张各闸位于测区附近，其成果为 1980 年西安坐标系、1985 国家高程基准。这些控制点可以作为本次测量施工的起算点和检查点使用。本区野外施工及成果提交 1980 年西安坐标系，中央子午线为 117°，6° 分带；1985 国家高程基准测量成果。

2. 作业依据

（1）《大地电磁测深法技术规程》（DZ/0173—1997）。

（2）《工程测量规范》（GB—50026—2007）。

（3）《全球定位系统（GPS）测量规范》（GB/T 18314—2009）。

（4）《河北省中部平原沧县台拱带干热岩资源预查大地电磁测深勘查设计》。

3. 外业施测及内业计算

1）勘查控制网测量

作业前在 1150 进行参数校正，再在杨张各闸点进行校正参数检查，测得 $\Delta X = -0.167$ m，$\Delta Y = -1.850$ m，$\Delta H = -0.566$ m。点位及仪器均可靠，其精度符合要求。

2）测线放样测量

外业施工采用 1980 年西安坐标系，中央子午线为 117°，6° 分带；1985 国家高程基准测量成果。测线施工使用点放样作业方法进行逐点放样，并逐点测量放样点实际坐标和高程成果。

在地形特殊地区和悬崖、树林密集区，由于地物、植被、建筑等影响，GPS无法作业或无法到位的情况下个别点位采取偏移观测，高程使用 GPS 在附近选择同一高程点进行比对测量。

3）内业计算

测线放样外业采集成果直接传输到计算机中。资料整理采用专业程序在计算机上进行，形成最后以测线为单位的成果数据文件。对于不能直接测定的各点，坐标、高程均以测线附近其他放样点的实测坐标、高程为基础进行内插或对比完成。测线平面位置均已在 CAD 中展点检查并与设计坐标进行了比较，在 C4 点做检查点，$\Delta X = +0.388$ m，$\Delta Y = +0.620$ m，$\Delta H = -0.019$ m，差值符合规程限差要求。各项成果资料按测线为单位整理成数据文件，各种成果数据、文件、文字资料、表格均打印装订成册并提交资料室保存。

在对外业观测记录进行整理后发现，测量工作符合现行《工程测量规范》（GB—50026—2007）及勘查区设计要求。

2.3.4　水文观测

按照设计要求，冲洗液消耗量每小时观测一次，不足一小时的回次按回次观测，每次上钻后、下钻前各观测一次水位，遇严重漏水的层段，根据需要进行稳定（静止）或近似稳定水位观测。

本次 GRY1 号钻孔孔冲洗液消耗量应测 1 253 次，实测 1 253 次，观测率达 100%；回次水位应观测 114 次，实测 114 次，观测率达 100%。

施工过程中，发生两次井下漏水，造成井口不返浆，漏失深度分别为 1 344.35 m、1 483.16 m，其中 1 482.6～1 485.2 m 发生掉钻具情况，疑为岩溶性溶洞，对漏水段及时进行了稳定水位观测。

1. 水位观测

1 344.35 m 井下漏水后，现场地质技术人员及时对井下水位进行了稳定水位观测，详见表 2-3。

表 2 - 3　水位观测记录（1 344. 35 m 井下漏水后）

观测时间	观测间隔/h	观测水位/m
23：00	1	151. 00
24：00	1	152. 50
1：00	1	153. 00
2：00	1	153. 04
3：00	1	160. 49
4：00	1	153. 09
5：00	1	153. 11

根据简易水文观测要求，稳定（静止）水位观测时水位呈单一方向变化，每小时水位差不超过 5 cm，且已连续观测三小时，24：00 ~ 5：00 内水位变化符合上述静水位观测要求。

1 483. 16 m 井下漏水后，现场地质技术人员及时对井下水位进行了简易水文观测，详见表 2 - 4。

表 2 - 4　水位观测记录（1 483. 16 m 井下漏水后）

观测时间	观测间隔/h	观测水位/m
8：00	0. 5	141. 50
8：30	0. 5	140. 50
9：00	0. 5	139. 50
9：30	0. 5	138. 97
10：00	0. 5	138. 91
10：30	0. 5	139. 00
11：00	0. 5	138. 93
11：30	0. 5	138. 97
12：00	0. 5	138. 92
12：30	0. 5	138. 90

2. 钻井液消耗量观测

钻孔在 1 344. 35 ~ 1 516. 08 m，3 747. 33 ~ 3 760. 50 m，钻井液消耗量较大，

详见表2-5。

表2-5 钻井液消耗量统计

层段/m	消耗量/(m³·h⁻¹)	层段/m	消耗量/(m³·h⁻¹)
1 326.60 ~ 1 344.35	0.97	1 613.96 ~ 2 246.34	3.22
1 344.35 ~ 1 352.38	64.33	2 246.34 ~ 2 265.93	0.97
1 352.38 ~ 1 353.30	20.91	2 265.93 ~ 3 038.54	1.61
1 353.30 ~ 1 355.45	57.90	3 038.54 ~ 3 411.94	1.29
1 355.45 ~ 1 356.39	28.95	3 411.94 ~ 3 667.79	0.64
1 356.97 ~ 1 368.00	25.41	3 667.79 ~ 3 708.66	10.94
1 376.50 ~ 1 398.64	23.93	3 708.66 ~ 3 747.33	8.04
1 398.64 ~ 1 399.45	23.48	3 747.33 ~ 3 760.50	108.00
1 399.45 ~ 1 400.30	24.45	3 760.50 ~ 3 865.68	1.61
1 400.30 ~ 1 401.94	23.80	3 865.68 ~ 3 881.34	3.22
1 438.00 ~ 1 450.43	19.30	3 881.34 ~ 3 980.71	1.61
1 450.43 ~ 1 469.55	22.52	3 980.41 ~ 4 016.19	3.22
1 469.55 ~ 1 476.61	108.00	4 016.19 ~ 4 025.82	2.86
1 476.61 ~ 1 613.96	19.30	—	—

根据简易水文观测要求，稳定（静止）水位观测时水位呈锯齿状变化，每小时水位差不超过10 cm，且已连续观测3 h，9：30～12：30内水位变化符合上述静水位观测要求。

本次堵漏主要材料为425#水泥，用量为55 t。

2.3.5 岩芯采取

GRY1号钻孔基岩段取芯钻进119.51 m，采长72.85 m，详见表2-6。

1 394.78 ~ 1 402.38 m，2 047.28 ~ 2 054.33 m，为雾迷山组强含水层，岩溶裂隙发育。

4 016.19 ~ 4 017.49 m，4 017.49 ~ 4 025.82 m，为长城系高于庄组含水层，岩溶裂隙发育。

表 2 – 6 取芯工作一览表

取芯段/m	层厚/m	采长/m	采取率/%	岩矿样 采/组	化验项目	岩性
1 394.78 ~ 1 402.38	7.60	0.80	10.53	1	放射性、热导率、密度、比热、岩矿鉴定	白云岩
2 047.28 ~ 2 054.33	7.05	1.20	17.02	1		白云岩
2 054.33 ~ 2 062.33	8.00	3.20	40.00	1		白云岩
2 238.84 ~ 2 241.97	3.13	3.00	95.85	1		白云岩
2 241.97 ~ 2 250.46	8.49	7.75	91.28	1		白云岩
2 250.46 ~ 2 258.43	7.97	7.80	97.87	2		白云岩
2 630.37 ~ 2 637.37	7.00	5.50	78.57	1		泥质白云岩
2 997.87 ~ 3 009.47	11.60	8.80	75.86	1		白云岩
3 009.47 ~ 3 021.97	12.50	9.50	76.00	3		白云岩
3 021.97 ~ 3 031.04	9.07	9.00	99.23	3		白云岩
3 205.68 ~ 3 215.68	10.00	9.50	95.00	2		白云岩
3 753.00 ~ 3 761.47	8.47	2.00	23.61	1	放射性、热导率、密度、比热、岩矿鉴定、抗压强度、抗拉强度、抗剪强度	白云岩
4 007.19 ~ 4 016.19	9.00	3.00	33.33	1		白云岩
4 016.19 ~ 4 017.49	1.30	0.20	15.38	1		白云岩
4 017.49 ~ 4 025.82	8.33	1.60	19.21			白云岩
合计	119.51	72.85	60.96	20	—	—

上述层段岩芯破碎，为岩溶破碎带，采取率较低；其余层段岩芯较完整，采取率达到 70% 以上。

2.3.6 岩屑采取

1. 目的任务

每 5 m 采取岩屑样，进行岩屑录井，按一定的井深间距和岩屑迟到时间，采集随钻过程中自井底返至井口的岩屑，对其进行观察、描述、整理以及绘制录井图、恢复地下地层剖面。

2. 规程规范

《油气井地质录井规范》（SY/T 5788.3—2014）。

3. 岩屑深度确定

岩屑样品的深度由钻具深度和迟到时间确定，钻具深度由钻探确定。

迟到时间采用实物测定法确定，主要技术要求为：选用与岩屑大小相当的、密度相近的白瓷片、红砖块等较醒目的重指示物及密度较小的塑料片等轻指示物，在接钻具单根时，同时投入钻杆中。开泵时，记录开泵时间（T_1），当轻指示物返出孔口后，密切关注投入重指示物返出的时刻，并记录时间（T_2）。下行时间（$T_3/\min$）为钻杆容积除以泵排量。迟到时间为 $T_2—T_1—T_3$。

每 100 m 测量一次岩屑迟到时间，确保岩屑的真实性和代表性。

4. 岩屑采样

（1）取样方法：现场用取样盆在振动筛中连续捞取。

（2）捞样时间：钻具钻达时刻 + 迟到时间。

5. 岩屑的清洗

刚取出的岩屑被泥浆包裹无法观测，必须用清水缓缓清洗，直至岩屑露出本色为止，并要晾晒烘干，将假岩屑剔除。

6. 岩屑的描述

了解本区的地质资料，对钻孔将钻遇的地层层序、岩性有一宏观的了解，鉴定描述要在明亮的日光下进行，描述内容包括：颜色、岩性、岩屑的新鲜程度、分选性、钻进时间、钻井液性能等特征。

7. 工作内容

按照设计要求，每 5 m 采集岩屑样品一个，新生界采取岩屑样 263 个，基岩段采取岩屑样 508 个，共采集岩屑样品 771 个，达到设计要求。将岩屑样恢复地层柱状，典型代表段 3 510～3 890 m，详见图 2-4。

采样符合采样规程，根据和区域地质资料对比，基本符合地层特征，可以作为地层描述的依据。

2.3.7　设备仪器

研究区参数孔所用设备详见表 2-7。

深度 （m）	岩屑录井 比例尺1∶1 000	岩性简述	钻时录井	钻孔结构
3 510	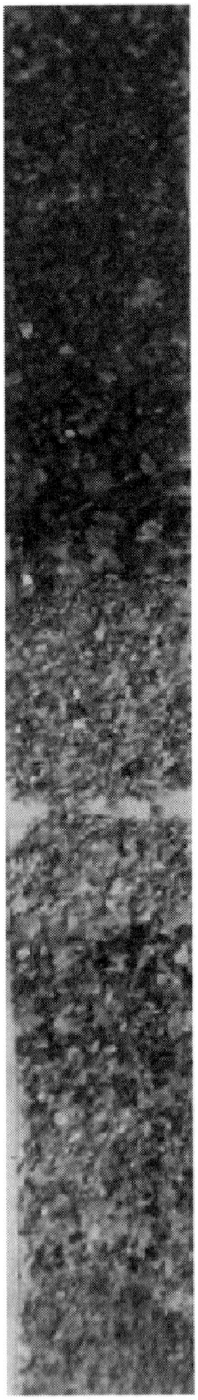		5∶39	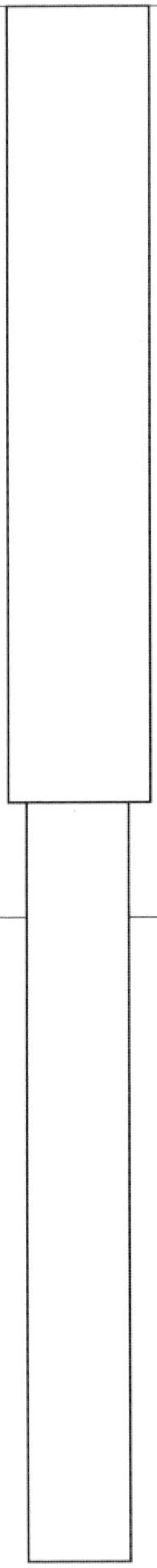
3 520			4∶47	
3 530			4∶20	
3 540			4∶53	
3 550			5∶07	
3 560			7∶08	
3 570		泥质白云岩， 灰色灰绿色， 泥质结构，遇 稀盐酸轻微起 泡，坚硬性脆。	5∶47	
3 580			5∶46	
3 590			9∶30	
3 600			4∶09	
3 610			4∶04	
3 620		泥质白云岩， 浅色—灰色， 遇稀盐酸轻微 起泡，坚硬， 致密，性脆。	3∶37	
3 630			3∶49	
3 640			3∶44	
3 650			6∶50	
3 660		含灰白云岩， 灰—灰绿色， 遇稀盐酸轻微 起泡，坚硬， 致密，性脆。	8∶41	
3 670			7∶37	
3 680			2∶50	
3 690			1∶36	
3 700			3∶22	
3 710			3∶57	
3 720			4∶28	
3 730			7∶39	
3 740			5∶05	
3 750			3∶10	
3 760			5∶50	
3 770				
3 780				
3 790				
3 800				
3 810				
3 820				
3 830				
3 840				
3 850				
3 860				
3 870				
3 880				

图 2-4   典型岩屑柱状层段

表 2 – 7 主要设备统计

序号	名称	型号	单位	数量	备注
1	钻机	ZJ40	台	1	—
2	钻塔	JJ225/43 – K	部	1	—
3	钻井泵	F – 1300	台	2	—
4	柴油机耦合器组	GV190PZL · 3/0	套	3	1 310 kW
5	柴油机额定功率	810 kW	套	3	—
6	液压大钳	ZQ203 – 100	套	1	—
7	套管钳	TQ340 – 35	套	1	—
8	机具液压站	—	套	1	—
9	辅助发电机组	400 kW	套	2	—
10	气源净化装置	—	套	1	—
11	节能发电机	475 kV · A	套	1	—
12	中速离心机	—	台	1	处理量 40 m³/h
13	井口防喷装置	FH35 – 35	台	1	—
14	除砂清洁器	—	台	1	处理量 180 m³/h
15	除泥清洁器	—	台	1	处理量 180 m³/h
16	泥浆罐	—	套	5	总容积 250 m³/h
17	真空除气器	—	台	1	处理量 180 m³/h
18	振动筛	—	台	2	单台处理量 180 m³/h
19	钻井液管汇	102 mm × 35 MPa	套	1	—
20	绞车	JC40	套	—	—

2.3.8 钻井液录井

依据地质设计要求，严格按照相关技术操作规范，及时完整地进行了钻时录井、简易水文观测、钻井液录井、泥浆性能录井等地质录井工作。详述如下：

本次干热岩 1 号孔钻井液录井工作，根据设计要求并按照《地热钻探技术规程》（DZ 0260—2014）执行，GRY1 号孔每 8 h 测定一次钻井液性能，每 50 m 测量一次钻井液出口温度并及时完成记录。

钻井液录井由于受孔内裂隙发育程度的影响，裂隙发育地层，钻井液消耗较大，补充量较大。因此，钻井液录井不能客观地反映钻孔温度的变化，仅供参考。

钻探进尺 4 025.82 m，固井三次，圆满完成钻探设计（4 km）任务，详见图 2 – 5。

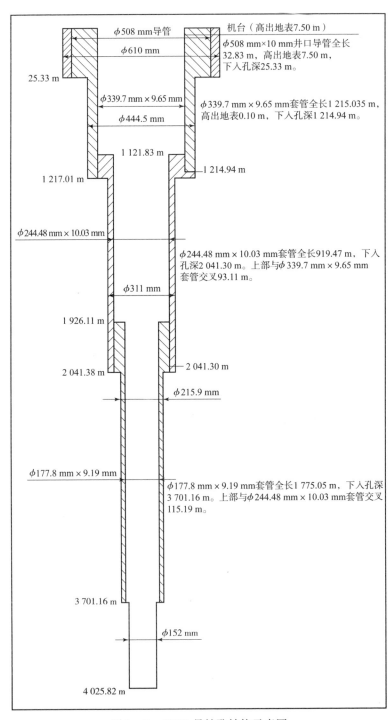

图 2 - 5　GRY1 号钻孔结构示意图

　　针对该项目地层情况，在施工中，为防止钻井液配制用水、地层含水层水质对钻井液性能指标的影响，选择具有抗盐、抗钙侵等性能的聚合物钻井液作为冲洗介质进行施工。

2.4　测井

2.4.1　测井目的任务

　　（1）对全孔进行简易井温测量。

　　（2）划分全孔岩性剖面。

　　（3）划分裂隙发育及破碎等地质图。

　　（4）对全孔进行井径、井斜测量。

　　（5）完成以下测井物性参数：①视电阻率；②自然伽玛；③自然电位；④声波。

　　纵向比例尺：全孔 1∶2 000，岩性确定方法为（1）（2）（3）（4），确定岩性厚度方法主要有视电阻率、自然伽玛。

　　GRY1 号钻孔均按设计要求进行了测井，并按原地质矿产部颁发的《煤田地球物理测井规范》（GZ/T 0080—2010）及地质矿产《水文测井工作规范》（DZ 181—1997）进行质量验收。

2.4.2　测井仪器

　　野外测井使用中国电子科技集团第二十二研究所生产的 SKD – 3000B 数控测井仪，对献县 GRY1 号钻孔进行综合测井工作。测井设备严格按照《煤田地球物理测井规范》（DT/T 0080—2010）及《水文测井工作规范》（DZ 0181—1997）要求进行标定、校验和刻度，性能稳定可靠，测井井深误差小于 0.1%，保证了解释的准确程度。所用测井仪器型号见表 2 – 8。

表 2 - 8　参数与探管型号对应表

序号	参数	仪器型号	点距
1	视电阻率测井	组合电极系	
2	自然电位测井		
3	自然伽玛测井	SGZ - 4 自然伽玛下井仪	0.125 m
4	声波时差测井	SCB - 3000 补偿声波下井仪	
5	井斜测井	SLC - 2 连续测斜下井仪	
6	井温测井	JFSW - H（W）数字地热测井仪	
7	井径测井	连续井径测井仪	

仪器设备的测试、刻度严格按照测井规范要求，井斜仪每 3 个月在校架上进行校验，下井前后用罗盘进行测试，保证了仪器的稳定性；其他仪器间隔为 6 个月测试刻度一次。井温仪测量值与精度为 0.1 ℃ 的水银温度计比较，误差不大于 0.5 ℃；井径仪在开臂和收臂两个方向测量，误差不大于 10 mm；声速仪在校验筒内测试纵波时差和稳定性，连续工作 2 h，各次实验值与标准值相比，相差不大于 5 μs/m；自然伽玛仪下井前用标准源进行检查，响应值与基地读数比较，误差不大于 5%；视电阻率测井仪给定值不少于 6 个，测量值与给定值比较，20 ~ 100 Ω·m 时，相差不超过 5 Ω·m，大于 100 Ω·m 时，误差不大于 5%。本次所选仪器均符合规范及设计要求，曲线形态反映圆滑、清楚，无跳刺，标志层段形态突出、峰值挺拔。

2.4.3　工作内容

充分收集已有的物探测井资料，对 GRY1 号钻孔不同电极系（2.5 m、4 m）视电阻率井、自然电位、自然伽玛、声波时差、井斜、井径等物性参数均按照设计要求进行了测井工作，实测 4 004.93 m，实测米数占钻探总进尺的 99.48%。

本次测井工作符合《煤田地球物理测井规范》（GZ/T 0080—2010）、《水文测井工作规范》（DZ 0181—1997）的要求。

2.4.4　测井参数选择及方法

本孔测井工作选择参数分别为：视电阻率、自然伽玛、自然电位、声速、井径、井温、井斜。原始资料记录准确、清楚、齐全，全孔测量速度为 10 m/min，最高测速不超测井规范 1 200 m/h，测井深度误差在 500 m 以内为 0.05 m，500 m 以上为 0.02%，采样间隔为 0.125 m。

1. 自然电位测井

一般情况下，井内泥浆和地层水的矿化度总是有比较明显的区别，也就是说产生自然电动势的条件是经常具备的。渗透性地层在自然电位曲线上一般有明显的异常显示，异常幅度主要反映地层中的泥质含量。因此，自然电位测井是划分砂泥岩剖面中渗透性地层的主要手段。

在测量该参数前，野外人员严格检查了电极系上是否有氧化物（泥饼、铁锈），发现后及时清除，并用清水冲洗干净。该参数选择匀速下降的测量方法，测量时极性清楚，曲线形态以零线为基准线向右为正异常，反之则为负异常，曲线的基线以岩性较纯的泥岩或粉砂岩岩层段来确定；除此之外，接地条件良好，曲线的反映形态清楚、圆滑。

2. 视电阻率测井

视电阻率测井量是一种以人工电场为场源，利用钻孔剖面上岩层与岩层之间是否存在较明显的电阻值大小差异为物性前提，用以划分钻孔地质剖面，确定岩层的岩性、深度和厚度，进行岩层划分解释。

为保证视电阻率曲线的完整性和准确性，电极系在下井前，严格按照测井规范要求进行了校验，其方法是外接标准负载电阻作为两点检查，检查值与计算值的相对误差均不大于规范要求的 5%，该测井参数真实准确。

该钻孔进行不同电极系（2.5 m、4 m）测井工作，所测两条曲线形态均符合规范要求，解释点明显，地层划分清楚，曲线形态均达到规范要求，无断迹、缺失、跳刺等现象。常见岩石的电阻率值详见表 2-9。

表 2-9　常见岩石的电阻率

序号	岩石	电阻率/$(\Omega \cdot m)$
1	黏土	$10^0 \sim 2 \times 10^2$
2	泥岩	$10^1 \sim 2 \times 10^2$
3	页岩	$10^1 \sim 2 \times 10^2$

续表

序号	岩石	电阻率/($\Omega \cdot m$)
4	泥质板岩	$10^1 \sim 10^3$
5	砾岩	$2 \times 10^1 \sim 2 \times 10^3$
6	砂岩	$10^1 \sim 5 \times 10^3$
7	白云岩	$5 \times 10^1 \sim 6 \times 10^3$
8	石灰岩	$5 \times 10^1 \sim 6 \times 10^3$
9	花岗岩	$6 \times 10^1 \sim 10^6$
10	片麻岩	$6 \times 10^{12} \sim 10^6$
11	玄武岩	$10^1 \sim 10^7$

3. 自然伽玛测井

自然伽玛测井是沿井身测量岩层的自然伽玛射线强度。岩石的自然放射性是由于岩层中含有放射性同位素而引起的。由于不同的岩层往往具有不同的自然放射性强度，因此，可以根据伽玛测井曲线来判断岩性、划分渗透性地层及钻孔的地质剖面。

由于沉积岩的自然放射性强度主要取决于泥质含量，因此，自然伽玛测井曲线可以用来划分泥质层和非泥质层，估计岩层的泥质含量，进行地层对比等。

在新生界地层剖面中，黏土和泥岩的伽玛值最高，砂砾岩的伽玛值较低，故自然伽玛曲线幅度随泥质含量的增加而升高。

在中元古界地层剖面中，纯白云岩、含灰白云岩的伽玛值最低，而泥质白云岩的伽玛值最高，泥晶白云岩伽玛值略低于泥质白云岩，也是随泥质含量的增加而伽玛值升高。

在仪器下井前用刻度环进行了检查，其响应值与基地读数比较，误差不大于5%，保证了采集参数的准确可靠。

本孔自然伽玛曲线反映良好，整条曲线反映正常、形态圆滑，无断点、漏迹、跳刺现象，所测数据符合规范要求。

4. 声波测井

声波测井是以岩石的声学性质为基础，主要用来划分地层，确定岩层的孔隙率，获得岩层的弹性资料和强度特征参数。根据声波时差曲线可以区分岩性，划分各种不同岩性的地层。

在致密地层中，如白云岩、含灰白云岩等，声波速度大，时差小，它们在时差曲线上显示为低值；在泥岩中，声波速度小，时差曲线显示为较高值；砂岩的声速大于泥岩而小于石灰岩，故砂岩的时差值介于以上两者之间，表现为中等幅值。此外，砂岩的时差值随着钙质胶结物含量的增多而减小，并随着泥质含量的增多而增大。

仪器进行测井前，在钢管中进行了通电检查，其响应值与标准值未超过8 μs/m，声波探管发出的声音均匀，测量成果可靠。

5. 井径测井

在钻进过程中，由于井液对岩层的浸泡和钻具在井内的活动，井径将扩大或缩小，这在质地松软的地层中更为明显。为了正确进行测井曲线的解释及处理某些钻探工程技术问题，需要准确地知道井径的大小。在地球物理测井中，使用井径仪来测定钻孔的井径。井径仪可以测得钻孔直径沿深度变化曲线（井径曲线），根据井径曲线来划分确定钻孔在不同深度扩径或缩径，从而为钻探提供依据。

井径仪下井前用刻度环进行了检查，分别测量了两次数据（大环 300 mm，小环 100 mm），以校验井径仪的准确性，其响应值与基地读数比较，误差不大于10 mm，采集数据真实准确，满足规范的要求。

从该孔所测的井径曲线形态看，曲线反映无异常变化，无跳刺、断迹等现象，曲线反映良好。

6. 井斜测井

井斜测井使用 SLC - 2 连续测斜下井仪，该仪器具有抗震、抗压能力强，性能稳定等特点。测斜仪下井前后均进行了井口吊零检查，误差不大于 0.5°。仪器下井前进行罗盘校验，顶角和方位角的检查点不少于两个；实测值与罗盘测定值相差不大于规范要求，顶角不大于 1°，大于 3°时，方位角不大于 20°。

本孔根据终孔测斜成果，实际孔深 300.00 m，孔斜 0.33°，方位角 227.9°；孔深 2 000.00 m，孔斜 4.93°，方位角 187.26°；孔深 3 000.00 m，孔斜 2.32°，

方位角 139.01°；孔深 4 002.50 m，孔斜 3.1°，方位角 145.47°。所测孔斜数据均符合规范及设计要求。

7. 井温测井

本次测温工作由中国核工业航测遥感中心承担，使用 JFSW – H（W）数字地热测井仪探管，测量范围：0～250 ℃。150 ℃范围内精度为 ±0.1 ℃，仪器经过上海地学仪器研究所质量中心检验，检验结果均符合技术标准，测温结果真实可靠。

本孔采用的测量方法是井段的连续测量，用来记录井温随深度的连续变化，该仪器具有性能稳定、耐高温、探测灵敏度高等优点，在水文测井中，测量井温绝大多数使用该仪器。本孔进行了三次测温，终孔测井深度 4 004.93 m，井温 107.56 ℃，详见表 2 – 10。

表 2 – 10　测温成果表

项目	第一次	第二次	第三次
深度/m	2 160.00	4 002.68	4 004.93
温度/℃	84.46	106.64	107.56

测井方式为下测连续测量，绞车控制器匀速拉升，速度控制在 10 m/min，且每 200 m 做一次检查点测量，保证所测的数据一致。

在测量该孔前，进行了认真的校验，此过程分两次进行，首先在校验筒内注入热水，用温度计进行测量，实测值与给定值相差不大于 1 ℃，之后再注入凉水（常温水），其度数相差也不大于 1 ℃，满足本次井温测量的要求。在测量过程中，如相邻两个测点的温度大于 2 ℃时均进行了加密测点，加密点达到规范要求为止。另外井温曲线形态反映异常时，要查明原因，测量值与检测值相差不大于 1 ℃。

本次井温测量成果，从孔口到孔底均进行了连续测量，无明显异常区。在井温测量期间不得循环泥浆液，确保所测的数据真实有效，测温数据可以作为分析地温场特征的基础性数据。

综上所述，物探测井方法，除可以完成钻孔地质剖面的测量任务外，还可以测出含水层的水文地质参数和岩石的工程力学性质，也可以解决某些水井工程的特殊问题（如井径、井斜等）。主要测井方法及其所能解决的水文地质问题如表2-11所示。

表2-11　测井参数方法及作用

测井方法	主要作用
视电阻率测井	除划分钻孔地层剖面外，主要用于确定含水层的位置及厚度，测定岩石电阻率参数，计算矿化度
自然伽玛测井	可以确定地层的泥质含量，划分含水层和隔水层
声波测井	主要用于测定岩石的孔隙度，也用于划分岩性，做地层对比，划分含水破裂带
井温测井	测地温梯度，测定井内进（漏）水位置
井径测井	探测井壁的垮塌和套管的损坏情况
自然电位	可以确定地下水的矿化度和咸淡水分界面，估计地层的泥质含量

2.4.5　岩层的定性解释

根据不同岩性在各种参数曲线上的异常幅值、形态特征、物性反映特征，组合起来确定岩性组合，如含灰白云岩高视电阻率、低自然伽玛。根据不同岩石的物性反映特征组合起来加以区分，一般以自然伽玛曲线物性反映来定性岩性，视电阻率曲线来分层划分岩性。

岩层划分解释结果与地质基本吻合，测井工作各种技术资料和表格记录齐全，测井成果资料、工程测井质量达到规程要求，资料准确可靠，达到《煤田地球物理测井规范》（GZ/T 0080—2010）及地质矿产《水文测井工作规范》（DZ 181—1997）要求。

2.4.6　岩层物性特征

1. 粗、中、细砂

上述三种砂岩层，在视电阻率曲线上均呈高阻反映，一般为数十至上百欧姆·米。单凭视电阻率曲线难以确定其颗粒大小，只有依靠自然伽玛曲线才能区分之，其幅值的大小与颗粒的大小成反比关系。砂岩层密度较大，在自然伽玛曲线上呈低幅度，密度增加，幅度越低（中砂比细砂低，粗砂比中砂低），均以负异常显示。

2. 黏土

泥质成分能吸附大量分子和其他微粒，在视电阻率曲线上呈低幅度，自然伽玛曲线上呈高幅度。

3. 粉砂

视电阻率曲线呈低阻反映，而自然伽玛曲线为高值反映。自然伽玛值低于泥岩，因粉砂含有一定的泥质成分，故其物性介于砂岩和泥岩之间，泥质含量越多，曲线特征越接近于泥岩。

在新近系地层中有胶结地层已成岩，其物性特征如下：胶结颗粒越粗，电阻率越大，反之越小；自然伽玛和其相反，颗粒越粗，伽玛曲线反映低，而颗粒越细伽玛曲线反映越高，以泥岩最高。

4. 泥质白云岩

电性曲线呈低幅值反映，电阻率值一般只有十几个欧姆·米，由于泥岩颗粒较细，比表面积较大，所以能够吸附较多的放射性元素。自然伽玛值很高，物性特征反映明显（详见图 2 - 6）。

5. 泥晶白云岩

电性曲线呈低幅值反映，视电阻率值一般只有十几个欧姆·米，由于泥晶颗粒较细，比表面积较大，所以能够吸附较多的放射性元素。自然伽玛在曲线上反应较高，因此，自然伽玛值随泥晶含量的增加而增高（详见图 2 - 7）。

6. 含灰白云岩

该区含灰白云岩沉积稳定，视电阻率为高值，其幅值的大小与颗粒的大小成反比关系。自然伽玛为很明显的低值反映，物性特征显著易于识别（详见图 2 - 8）。

2.4.7　地层界线确认原则

（1）根据岩屑岩性、颜色变化情况，结合区域地质情况确定地层界线。

（2）根据物性曲线反映特征确定具体界线深度。

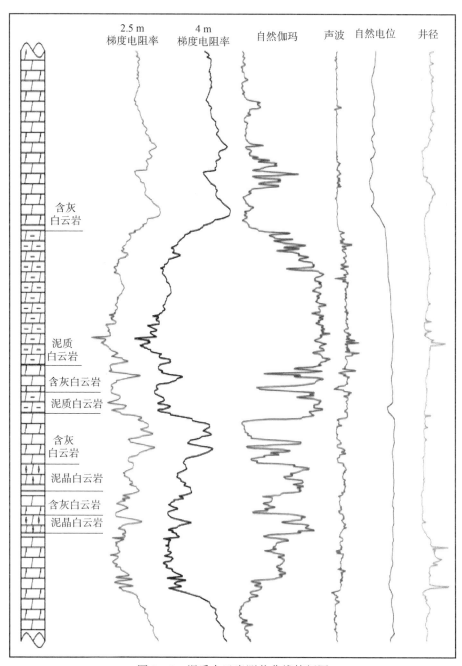

图 2－6　泥质白云岩测井曲线特征图

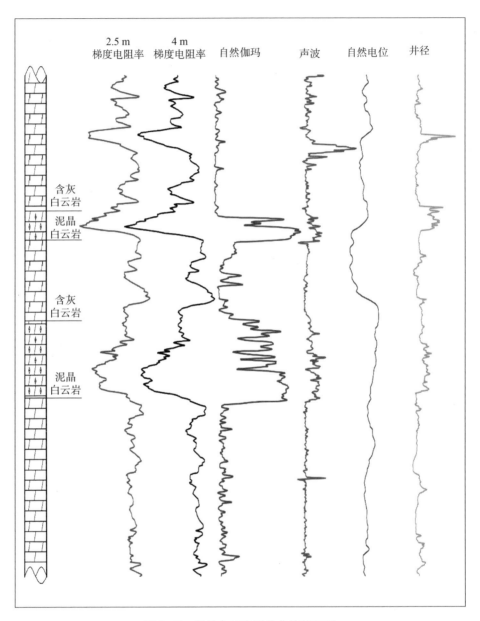

图 2-7　泥晶白云岩测井曲线特征图

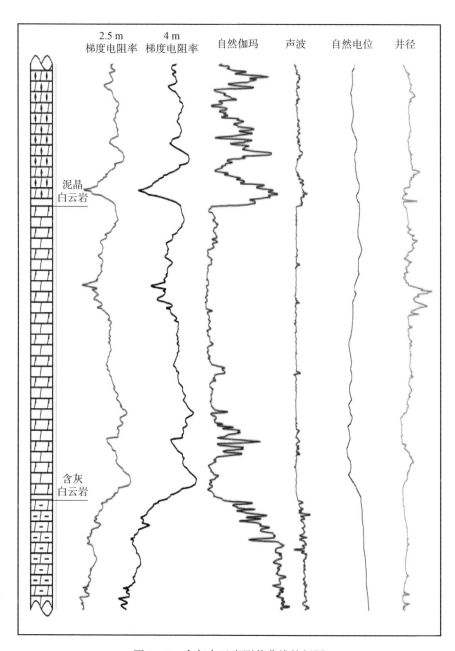

图 2 - 8 含灰白云岩测井曲线特征图

2.4.8　各组段具体地层界线确定的深度及物性特征

1. 长城系高于庄组（Chg）

本组为大段白云岩，电阻率曲线是全孔最高的，其基线明显高于上覆雾迷山组，而最为特殊的是自然伽玛曲线，全段自然伽玛幅值明显高于上覆地层，而曲线整体形态则呈稠密锯齿状反映，在全孔具有特殊物性标志，和上覆地层易于区分。

2. 杨庄组一段（Jxy^1）：底深 3 767.46 m

本段以含灰和泥晶白云岩为主，电阻率曲线以中高低阻相间，上部和下部高低相互，中部有一高阻值基线平直段，而自然伽玛曲线基本为低值，局部小尖峰值也不高，在上、下覆地层高伽玛值相映之下，其低缓基线特别明显，界面清楚（详见图 2−9）。

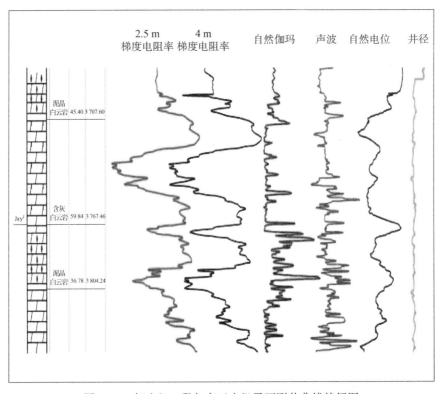

图 2−9　杨庄组一段与高于庄组界面测井曲线特征图

3. 杨庄组二段（Jxy²）：底深 3 329.45 m

本段为大段泥晶（质）白云岩，低阻值大宽度和高伽玛大宽度，曲线形态醒目，在全孔曲线里较为突出，十分明显（详见图 2－10）。

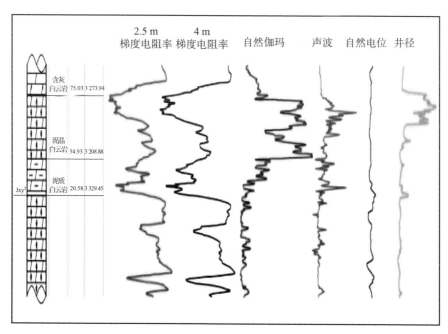

图 2－10 杨庄组二段与杨庄组一段界面测井曲线特征图

4. 雾迷山组一段（Jxw¹）：底深 3 023.07 m

本段为大段白云质岩，中下部有一段泥晶（质）白云岩，因此电阻率曲线基本呈高阻率缓状反映，上部基线略高而下部略低，和下部曲线区分明显，界面清楚（详见图 2－11）。

5. 雾迷山组二段（Jxw²）：底深 2 302.78 m

物性特征：电阻率曲线呈高阻反映，中上部基线平缓，变化较小，自然伽玛曲线呈中低值反映。上部曲线幅值较低，呈宽幅状，中部为中值反映，形态相对平缓，局部有高尖峰出现，下部电阻率曲线有高低阻变化，自然伽玛曲线基值较低，变化不大。底部为一到两段低电阻率高伽玛反映，为泥质含量较多的层段，其底界和下覆地层高阻值、低伽玛区别明显，易于区分（详见图 2－12）。

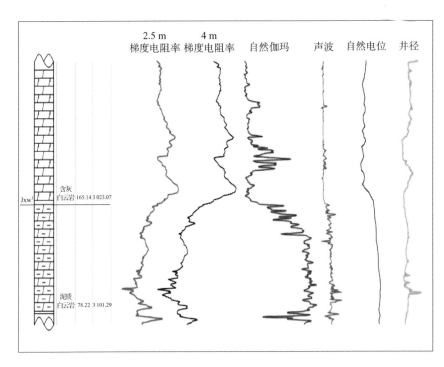

图2-11　雾迷山组一段与杨庄组二段界面测井曲线特征图

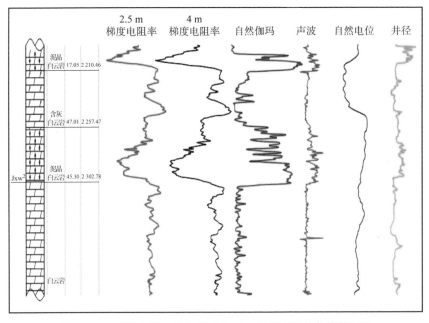

图2-12　雾迷山组二段与雾迷山组一段界面测井曲线特征图

6. 明化镇组下段（N₂m下）：底深 1 326. 60 m

物性特征：电阻率呈中低反映，曲线整体形态平缓，和下部基岩电阻率差异十分明显。

该段由新生界底板泥岩与基岩顶板白云岩组成。其界线分界处视电阻率曲线幅值由上而下急速抬升；自然伽玛上部曲线较高，然后曲线急剧下降，其下降处即新生界和基岩界面的分界线，曲线形态降为低异常，是本段的重要物性标志层，易于识别（详见图 2 – 13）。

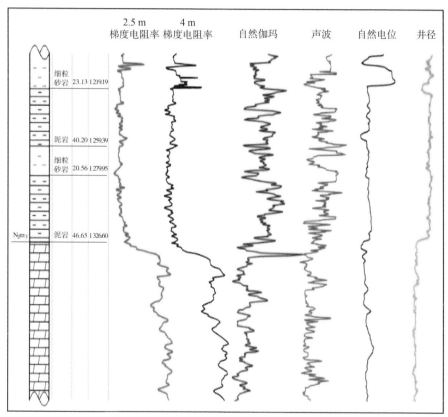

图 2 – 13　新生界与基岩界面测井曲线特征图

7. 明化镇上段（Nm上）：底深 719. 04 m

物性特征：电阻率曲线为中高阻反映，幅度较上覆地层变宽，基线基本一致，自然伽玛曲线整体略低于上、下层位，和电阻率曲线相对应，幅度宽度变宽，以上两种参数曲线底界面反应明显。

8. 第四系（Q）：底界深度 503.96 m

确定依据：

（1）电阻率曲线，深浅探测深度的曲线呈中高阻锯齿状反映，曲线整体形态从上至下基线呈斜坡状下降至 503.96 m 后，斜坡状结束，界线明显，声波曲线和自然电位曲线界面也有明显变化。

（2）岩屑变化。

2.4.9　含水层的划分

1. 新近系明化镇组含水层的划分

地层岩性以泥岩，中、细粒砂岩及含砾砂岩为主。该地层作为孔隙含水层的砂岩，泥质含量低，因而电阻率曲线呈较高异常反映；自然伽玛曲线在砂岩中反映均较低，是确定含水层的重要物性参数之一，物性特征明显；自然电位在富含水层中有负的异常（详见图 2-14）。

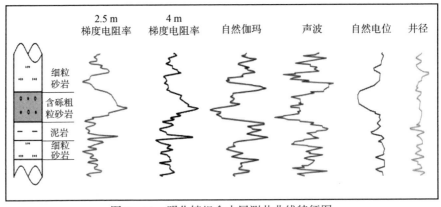

图 2-14　明化镇组含水层测井曲线特征图

2. 基岩地层含水层的划分

灰岩和白云岩等高阻地层，在岩溶裂隙发育段，由于水的存在电阻率曲线在高幅值反映中有低阻异常反映，而当岩溶裂隙被泥质填充时，自然伽玛曲线呈高异常反映，此时裂隙（岩溶）就不会含水或不会含水较大。因此，在高阻灰岩白云岩地层中划分含水层的物性特征是：电阻率曲线高幅值反映中的低阻反映段（层），而自然伽玛又为低值反映（详见图 2-15）。

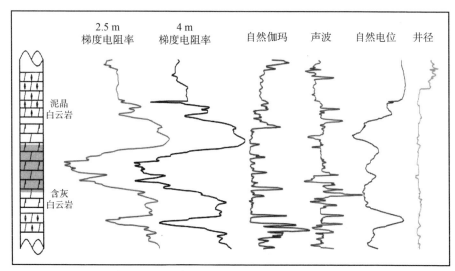

图 2－15 基岩地层以下含水层测井曲线特征图

依据上述含水层物性特征，我们将全孔划分为 25 段相对含水层段，具体深度如表 2－12 所示，其余层段均为相对隔水层段。

表 2－12 含水层段解释成果表

地层界线		序号	起始深度/m	终止深度/m	厚度/m
明化镇组	上段	1	548.74	568.51	19.77
		2	575.89	600.91	25.02
		3	645.94	661.86	15.92
		4	701.99	719.04	17.04
	下段	5	818.28	832.96	14.65
		6	965.58	972.42	6.85
		7	1 091.37	1 100.86	9.49
		8	1 196.06	1 219.19	23.13
雾迷山组	二段	9	1 431.57	1 492.28	60.71
		10	1 608.90	1 669.46	60.56
		11	1 707.04	1 777.83	70.79
		12	1 825.65	1 960.43	134.78
		13	2 085.49	2 100.58	15.09

地层界线		序号	起始深度/m	终止深度/m	厚度/m
雾迷山组	二段	14	2 110.65	2 125.12	14.47
		15	2 144.51	2 156.39	11.88
	一段	16	2 408.80	2 444.83	36.03
杨庄组	一段	17	3 344.38	3 350.98	6.60
		18	3 373.06	3 456.10	83.04
		19	3 546.28	3 552.41	6.13
		20	3 577.92	3 583.11	5.19
		21	3 657.12	3 663.11	5.99
		22	3 721.29	3 751.53	30.24
高于庄组		23	3 791.69	3 827.24	35.55
		24	3 904.01	3 912.43	8.42
		25	3 952.84	3 966.63	13.79

2.5　区域地质

2.5.1　区域地层

根据区内石油钻孔揭露的地层情况，河北省、北京市和天津市的区域地质志资料及以往物探成果，研究区主钻孔揭露的地层由老至新分布有长城系的高于庄组（Chg）、蓟县系杨庄组（Jxy）、蓟县系雾迷山组（Jxw）、新近系明化镇组（N_2m）、第四系（Q）。各地层按顺序分述如下：

1. 长城系的高于庄组（Chg）

高于庄组原称"高于庄灰岩"，属中元古代长城系顶部，浅海相碳酸盐沉积，主要为灰色、黑色白云岩，含燧石团块或条带，底部燧石条带尤多，且呈网状。在此处地层中的沉积顺序依次为：浅灰白—浅灰色泥晶白云岩、白色白云岩、浅灰白色或浅紫色细晶白云岩；为华北地区重要黄铁矿和锰矿产出层位，其内孕育有蓟县式锰硼矿和高板河式锌黄铁矿。可见滑塌构造，以及大型波痕和风暴岩，为典型的海相沉积岩，闭塞、滞留和缺氧的碳酸盐岩潮下坪环境，高于庄组发育阶段后期砂岩的出现，意味着海平面的上升到达极限，转而缓慢后退。

2. 蓟县系杨庄组（Jxy）

以碳酸盐岩为主，分三段。一段：紫红色厚层含砂白云质灰岩与灰白色含燧石白云质灰岩互层（厚 209 m）；二段：紫红色含泥白云质灰岩夹灰白色含陆源碎屑白云质灰岩（厚 434 m）；三段：深灰色沥青质细晶白云岩与紫红色微晶白云岩互层（厚 130 m）。总厚度为 773 m，其底界以第一层白色含粉砂泥状白云岩的底面为标志，与下伏高于庄组呈假整合接触。含叠层石 *Microstylus zhaizhuangensis*，*Yangzhuangia columnaris* 等及微古植物 *Asperatopsophosphaera umishanensis*，*Pseudozonosphaera verrucosa* 等，该组分布于燕辽地区。燕山北段：兴隆—平泉（413~192 m），分布面积小，厚度变薄；西段：八达岭—涿鹿（78~42 m），厚度急剧变薄或缺失，以砂泥质白云岩为主；东段：由丰润—迁安—滦县，厚度渐变薄（707~181 m），碎屑含量增多，与下伏高于庄组有明显的沉积间断。

3. 蓟县系雾迷山组（Jxw）

雾迷山组曾称雾迷山灰岩，位于蓟县系中下部，分布于冀北一带，为一套富镁的巨厚碳酸盐建造，韵律明显，以含有各种燧石结核和条带状白云质灰岩为主，夹纯灰岩、白云岩、绿色砂页岩等。含叠层石 *Pseudogymnosolen mopanyuensis*，*Scyphus parvus*，*Conophyton lituum*；微古植物化石有 *Asperatopsophosphaera umishanensis*，*A. umishanensis var. minor* 等，厚 3 340 m，与下伏杨庄组为连续沉积，底部在河北西北部有铁矿层。

4. 新近系明化镇组（N$_2$m）

明化镇组是第三纪上新世地层，是中国河北平原新近系顶部的一个组，以杂色砂岩、泥岩为主，两者常以互层出现，一般厚 556~1 100 m，最大厚度为 1 653 m，与下伏馆陶组呈整合接触，含介形类：*Ilyocypris - candonidia* 组合；腹足类：*Melaniacf. saigoi*，*Gyraulus*，*Succinea*，*Bithynia* 等；轮藻：*Hornicharaminama*，*Tectocharameriani* 等；孢粉：上部为 *Cu - pressaceae - Taxaceae* 组合，下部为 *Ulmipol - lenites*，*celtisoollenites*，*Fagaceae*，*auer - coidites*，*Betulcpoliemites* 等。

本组可与山区的"壶流河组"相对比，土黄与棕红色泥岩、砂质泥岩、灰白色砂岩；上段粒度较粗，颜色浅，含铁锰质与灰质结核，下段粒度较细，颜色深，下与馆陶组整合接触，上与平原组不整合接触。

5. 第四系（Q）

第四纪是新生代的第二个纪，第四纪形成的地层叫第四系，第四系沉积物分布极广，除岩石裸露的陡峻山坡外，全球几乎到处被第四纪沉积物覆盖。第四系沉积物形成较晚，大多未胶结，保存比较完整。第四系沉积主要有冰川沉积、河流沉积、湖相沉积、风成沉积、洞穴沉积和海相沉积等；其次为冰水沉积、残积、坡积、洪积、生物沉积和火山沉积等。此次钻探揭露的岩性主要有含砾粗砂、粗砂、中砂、细砂和砾岩。

2.5.2　区域地质构造

研究区处于中朝准地台（Ⅰ级）、华北断坳（Ⅱ级）和沧县台拱（Ⅲ）构造单元内，其西部为冀中坳陷，东部为黄骅坳陷，南部为临清台陷；区内又发育有大城凸起、青县凸起、献县凸起、阜城凹陷、景县凸起等次一级的坳陷和凸起。本研究区位于献县凸起，各个凸起内容如下：

1. 大城断凸（Ⅳ244）

大城断凸位于研究区西北部，边界构造为献县断裂及静海—大城断裂，面积约为 2 350 km²，受边界构造控制，大城断凸呈 NNE 向展布。根据区域地质资料及区内钻孔数据显示，该Ⅳ级构造单元内新生界最大厚度为 1 400 m，见基岩层位为古生界地层。

2. 青县断凸（Ⅳ248）

青县断凸位于研究区北部，边界构造为静海—大城断裂及沧东断裂，面积约为 2 000 km²，受边界构造控制，青县断凸呈 NNE 向展布。根据区域地质资料及区内钻孔数据显示，该Ⅳ级构造单元内新生界最大厚度为 2 000 m，见基岩层位为中生界地层及古生界地层。

3. 献县断凸（Ⅳ249）

献县断凸位于研究区西南部，边界构造为献县断裂，面积约为 850 km²，呈

NNE 向展布, 该Ⅳ级构造单元内新生界最大厚度为 2 500 m, 见基岩层位为古生界地层。

4. 阜城断凹 (Ⅳ250)

阜城断凹位于研究区中南部, 面积约为 1 200 km², 呈 NNE 向展布, 该Ⅳ级构造单元内新生界最大厚度为 1 800 m, 见基岩层位为中生界地层和上古生界地层。

5. 景县断凸 (Ⅳ251)

景县断凸位于研究区东南部, 边界构造为献县断裂, 面积约为 1 300 km², 呈 NNE 向展布, 该Ⅳ级构造单元内新生界最大厚度为 2 800 m, 见基岩层位为古生界地层。

2.5.3 岩浆岩

据《河北省沧县隆起 (沧州段) 地热资源普查评价报告》, 区域里在河北东部平原新生代岩浆活动强烈, 规模也较大, 大致可分早第三纪、晚第三纪和第四纪。早第三纪岩浆喷发活动可分为四期: 第一期为始新世早期, 第二期为始新世晚期, 第三期为渐新世中期, 第四期为渐新世晚期。晚第三纪岩浆喷发活动可分为三期: 第一期为中新世初期, 第二、三期分别为上新世初期和末期, 后两期主要发育在黄骅东部沿海地区。第四纪岩浆喷发活动可分为五期: 第一、二期分别为早更新世初期和中期, 第三、四期分别为中更新世初期和中期, 第五期在平原东部出现于晚更新世, 更新世末期或全新世早期形成海兴的小山, 在平原西部出现于晚更新世晚期。第四纪在短短 300 万年的时间里就发生了五期, 活动非常频繁, 另外, 就岩浆喷发的规模来说, 平原东部以中更新世的规模最大, 平原西部以早更新世的规模最大。古近纪火山岩其岩性主要为渐新世的玄武岩、安山质玄武岩、局部夹火山碎屑岩、辉绿岩和辉长岩, 大多数沿基底断裂分布, 反映活动方式以裂隙式宁静溢流为特征, 新近纪火山岩主要为碱性玄武岩及火山碎屑岩类, 其分布多数沿断裂延伸, 表明其活动方式以裂隙式喷发为主。第四纪火山岩主要为强碱性玄武岩及火山碎屑岩类, 在地下多沿断裂延伸, 反映沿断裂以中心式喷发为主。

2.5.4　区域水文地质

据研究区内钻孔揭露资料，主要划分为岩溶裂隙含水层、长城系高于庄组含水层、中上元古界蓟县系雾迷山组含水层、古生界寒武—奥陶系含水层、馆陶组含水层和明化镇组含水层。

1. 岩溶裂隙含水层

与上新近系明化镇组热储或中生界、古生界地层呈不整合接触，其岩性为中上元古界蓟县系雾迷山组及古生界寒武—奥陶系灰岩、白云岩，具有可溶性，经过多次构造运动，在强烈的岩溶作用下形成孔、洞、缝相当发育的溶蚀型碳酸盐热储体，成为地热水赋存的良好空间。碳酸盐岩热储层是一个连通好、循环深、压力大的水力系统，具有水温高、水量丰富之特点，其表层风化壳为该层热储的主要储水体。

2. 长城系高于庄组含水层

该含水层全区均有分布，献县凸起埋藏最浅，顶板埋深在 3 700 m 左右，其余地区埋藏较深，顶板埋深均大于 5 000 m，为古大气降水经溶滤作用形成的古埋藏水，基岩热储层补给水来源甚微，为封闭消耗性地下水。地下热水的径流与排泄受基地构造和古地形地貌及各隔水层的控制，径流非常缓慢。GRY1 号孔抽水试验成果表明，其单位涌水量为 0.274 0 L/(s·m)，水质类型为 Cl – Na 型，矿化度为 6 437.06 mg/L，富含锶、偏硼酸，目前该含水层未开采利用。

3. 中上元古界蓟县系雾迷山组含水层

该含水层在献县凸起埋藏最浅，顶板埋深 1 000 ~ 1 500 m，井口水温一般可达 70 ~ 100 ℃，单井涌水量可达 80 m³/h 以上，水质类型为 Cl – Na 型。

4. 古生界寒武—奥陶系含水层

该含水层主要分布在大城凸起和青县凸起，顶板埋深 800 ~ 1 400 m，井口水温在 50 ℃以上。据大城勘探区及青县地热井抽水资料，水质类型一般为 SO₄·Cl – Na，局部为 Cl – Na 型；矿化度大城凸起较高，达到 8.0 g/L 以上，青县凸起一般为 5.0 g/L 左右。

本组含水层涌水量为 40 ~ 150 m³/h，出口水温达 50 ℃以上，热水中富含多种有益微量元素，可直接用于供暖、医疗和洗浴。

基岩热储是未来本区具有开发意义的重要热储。

5. 馆陶组含水层

馆陶组含水层沉积厚度一般为 300 ~ 500 m，砂岩类集中发育，砂厚比平均 40% ~ 50%，其含水岩性由砂岩、含砾砂岩、砂砾岩和砾岩等组成；其主要分布在阜城凹陷和里坦凹陷，凸起区缺失，该地层馆陶组热储是凹陷区内主要开采热储层。本次收集到了青县青热 4 地热井，馆陶组含水层涌水量为 70 m³/h，水温 48 ℃，溶解性总固体 5.76 g/L，水质类型为 Cl·SO₄ – Na 型。

6. 明化镇组含水层

埋藏于第四系地层以下，与下伏古生界寒武—奥陶系（局部为石炭—二叠系）或中上元古界蓟县系碳酸盐岩呈不整合接触，底界埋深 800 ~ 1 500 m，层厚 400 ~ 1 000 m。

含水层以中细砂岩为主，该层热储上段水质好、水量大，单井出水率及渗透系数具有随深度增加而递减的趋势。其水温较低，底界温度一般为 45 ~ 50 ℃，在凸起区则可达 60 ℃以上。单井涌水量一般可达 60 m³/h 以上，其水化学类型一般为 Cl⁻ – Na⁺型，不适宜直接饮用或作为渔业养殖用水和农田灌溉用水，可直接用于供暖、医疗和洗浴。

2.6 本章小结

（1）根据 GRY1 孔钻探及提取岩心分析结果表明，研究区钻探主要揭露了长城系的高于庄组（Chg）、蓟县系杨庄组（Jxy）一段和二段、蓟县系雾迷山组（Jxw）一段和二段、新近系明化镇组（N₂m）上段和下段、第四系（Q）的堆积物。

（2）区内地下水主要划分为岩溶裂隙含水层、新近系馆陶组和明化镇组孔隙含水层。其中岩溶裂隙含水层与上新近系明化镇组热储或中生界、古生界地层呈不整合接触，岩性为中上元古界蓟县系雾迷山组及古生界寒武—奥陶系灰岩、白云岩，具有可溶性，经过多次构造运动，在强烈的岩溶作用下形成孔、洞、缝相当发育的溶蚀型碳酸盐热储体，成为地热水赋存的良好空间，又分为长城系高于庄组含水层、中上元古界蓟县系雾迷山组含水层和古生界寒武—奥陶系含水层。

（3）研究区内主要有三条大的断裂和一条次一级的断裂，沧东断裂（沧州—大名深断裂带）总体走向 NE30°，倾向 SE，倾角 30°，垂直断距为 3~5 km，属于正断层，中生代产生；献县断裂为继承性断裂，走向 NW30°~NW44°，倾向 NW，自太古代至新生代都在活动，且延伸长、断距大；无极—衡水大断裂走向 NW20°，倾向 NE，倾角为 39°~55°，断裂在衡水一带反应明显，属正断层，对中、新生代沉积有明显的控制作用。

3

研究区地热
地质背景

区域地温场基本特征根据以往研究成果，本区恒温带深度为 25 m，恒温带温度为 15 ℃。

3.1 岩矿采样及测试工作

3.1.1 采样目的及规程规范

了解岩石的密度、岩石生热率、岩石比热容、岩石热导率、岩石物理力学性质等参数，为了解研究区不同深度岩石热物性的变化规律提供依据。

采样参照的规程规范：《煤和岩石物理力学性质测定方法 第一部分：采样一般规定》（GB/T 23561.1—2009）。

3.1.2 岩矿采样方法和内容

将钻探岩心洗净、蜡封、贴标签，三天内送至化验室。

按照设计要求，应取岩矿样 50 组，由于设计地层与钻孔实际揭露地层有较大差别，原设计在奥陶系与寒武系分界线，寒武系与青白口系分界线，青白口系与蓟县系分界线等进行取芯取样工作，钻孔实际未见上述地层，见基岩层位为蓟县雾迷山组，揭露基岩层依次为蓟县系雾迷山组、杨庄组、长城系高于庄组，因此调整了取芯部位。实际采取岩矿样20组。

所采取的岩样岩矿鉴定工作由河北省区域地质矿产调查研究所承担，该单位具有岩矿测试乙级资质；岩石生热率等分析项目由中国科学院地质与地球物理研究所承担，该单位具有地质试验测试甲级资质。分析试验单位技术力量雄厚，其结果能满足本次预查工作需求。

岩矿化验项目为：岩矿鉴定、密度、岩石生热率、岩石热导率、岩石比热容、岩石物理性质。

3.1.3　化验成果

1. 岩矿鉴定

岩矿鉴定成果见表3-1。

表3-1　岩矿鉴定一览表

野外原始编号	取样深度/m	鉴定名称	次生矿物
GRY1-1-4	1 402.28~1 402.38	细粉晶白云岩	硅质
GRY1-2-4	2 055.43~2 055.53	含碎屑砂屑粉晶白云岩	碳酸盐、硅质
GRY1-3-4	2 059.60~2 059.70	中细晶白云岩	碳酸盐
GRY1-4-4	2 241.17~2 241.32	重结晶亮晶鲕粒白云岩	碳酸盐、泥、铁质
GRY1-5-4	2 248.85~2 249.05	生屑泥粉晶白云岩	泥、铁质、碳酸盐、石英
GRY1-6-1-4	2 252.56~2 252.76	轻碎裂状含黏土质铁质粉砂粉晶白云岩	硬石膏、碳酸盐、褐铁矿
GRY1-6-2-4	2 257.48~2 257.63	轻碎裂状含黏土质铁质粉砂粉晶白云岩	硬石膏、碳酸盐、褐铁矿

续表

野外原始编号	取样深度/m	鉴定名称	次生矿物
GRY1-7-4	2 633.90~2 634.07	细晶白云岩	碳酸盐、硅质
GRY1-8-4	3 005.00~3 005.20	白云石化泥亮晶含鲕粒团块藻球粒灰岩	白云石≥10%、碳酸盐、泥、铁质
GRY1-9-1-4	3 013.00~3 013.15	弱白云石化粉晶灰岩	白云石（5%~10%）碳酸盐、泥、铁质
GRY1-9-3-4	3 019.60~3 019.63	粉晶含白云质灰岩	方解石
GRY1-9-2-4	3 020.00~3 020.12	粉晶灰岩	白云石、碳酸盐
GRY1-10-1-4	3 024.00~3 024.02	白云质粉砂岩	
GRY1-10-2-4	3 026.00~3 026.02	泥晶含白云质灰岩	方解石
GRY1-10-4	3 026.52~3 026.73	含粉砂亮晶砂屑鲕粒灰岩/含黏土质细晶灰岩	白云石、泥、铁质
GRY1-11-4	3 208.86~3 209.01	碎裂状含黏土质铁质粉晶白云岩	硬石膏
GRY1-11-1-4	3 210.00~3 210.08	角砾状含硬石膏泥晶白云岩	碳酸盐、石膏、硅质
GRY1-12-4	3 757.00~3 757.03	层纹状硅质细粉晶白云岩	白云石、硅质
GRY1-13-4	4 015.00~4 015.13	白云质团块硅质岩	白云石、硅质
GRY1-15-4	4 022.85~4 022.91	粉晶白云岩	白云石

2. 热物性参数分析

本次对岩芯不同深度进行了采样，分别对岩石的热导率、密度、生热率、比热进行了测试，分析结果如图 3-1~图 3-9 所示。

1）热导率

热导率与深度相关关系如图 3-1 所示。

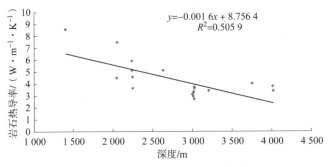

图 3 − 1　热导率与深度相关关系

2）密度

密度与深度相关关系如图 3 − 2 所示。

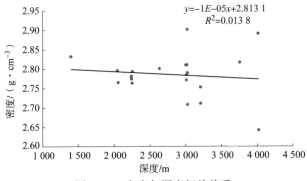

图 3 − 2　密度与深度相关关系

3）比热容

29 ℃、104 ℃、154 ℃、188 ℃下，比热容与深度相关关系如图 3 − 3 ~
图 3 − 6 所示。

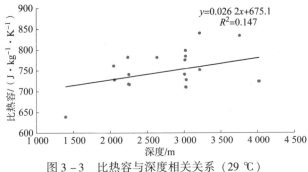

图 3 − 3　比热容与深度相关关系（29 ℃）

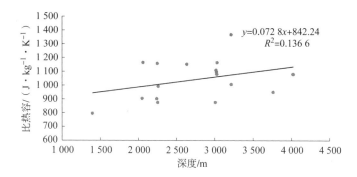

图 3 - 4　比热容与深度相关关系（104 ℃）

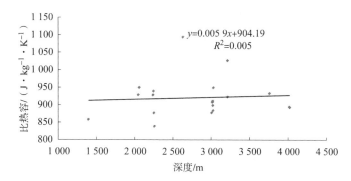

图 3 - 5　比热容与深度相关关系（154 ℃）

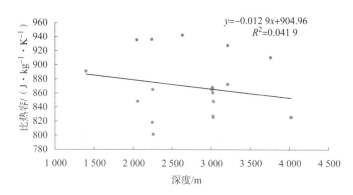

图 3 - 6　比热容与深度相关关系（188 ℃）

4）放射性

不同同位素含量与深度相关关系如图 3 - 7 ~ 图 3 - 9 所示。

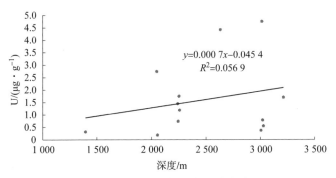

图 3 - 7　U 含量与深度相关关系

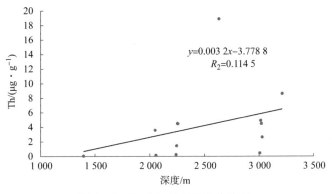

图 3 - 8　Th 含量与深度相关关系

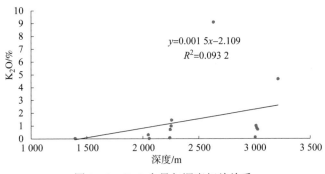

图 3 - 9　K_2O 含量与深度相关关系

通过图 3 - 2 ～图 3 - 10 所示的测试结果可以看出，热导率随深度的增加而呈现减小的趋势；U、Th、K_2O 含量随深度的增大出现增大的趋势；密度随深度的增大有所降低；比热容随着测试温度的增高，呈现随深度的增大而减小的趋势。

3.2 钻孔揭露地层

根据周边地热井资料及本次钻孔揭露，参照《河北省区域地质志》，地层由老至新分布有中元古界长城系高于庄组、蓟县系杨庄组、雾迷山组及新生界新近系、第四系地层。

3.2.1 中元古界

1. 长城系（Ch）

高于庄组（Chg）：

四段：浅灰—灰白色白云岩，泥质结构，局部夹黑白相间纹层状沥青质白云岩，呈互层状，顶部含灰黑色燧石结核。裂隙发育，岩芯破碎，如图 3-10、图 3-11 所示。区域资料显示，本段最大厚度为 270.00 m，本次未见底界，揭露厚度为 258.36 m。

图 3-10　长城系高于庄组含黑色硅质　　　图 3-11　长城系高于庄组含白色硅质
　　　　　燧石条带白云岩　　　　　　　　　　　　　燧石条带白云岩

2. 蓟县系（Jx）

1）杨庄组（Jxy）

一段：上部为深灰色白云岩夹紫红色泥晶白云岩为主，如图 3-12 所示，偶夹燧石条带；中部为灰白色含砂泥晶白云岩，含燧石结核，灰白色岩屑过度为一段深灰色岩屑；下部为灰白色厚层状白云岩与紫色含粉砂泥晶白云岩互层，岩屑特征表明，互层状岩屑作为本段底界，如图 3 - 13 所示。本段深度为 3 767.46 m，厚度为 438.01 m。

图 3 - 12 杨庄组一段浅灰色白云岩岩屑

图 3 - 13 杨庄组一段底界互层状岩屑

二段：以深灰色细晶白云岩与紫红色泥质白云岩互层为主，夹少量灰黑色沥青质白云岩，如图 3 - 14 所示。本段最大厚度为 345.00 m，据岩屑特征，互层状岩屑作为本段底界，确定底界深度为 3 329.45 m，厚度为 306.38 m。

杨庄组厚度为 744.39 m，其与下伏长城系高于庄组地层呈整合接触。

2）雾迷山组（Jxw）

一段：上部由灰白色—灰色片状含粉砂泥晶白云岩、杂色厚—巨厚层粗晶含灰白云岩、深灰色纹状沥青质白云岩、燧石条带白云岩及黑色燧石岩组成韵律层，上部具厚层鲕状硅质白云岩，如图 3 - 15 ～ 图 3 - 17 所示。

图 3 - 14 杨庄组二段互层状白云岩岩屑

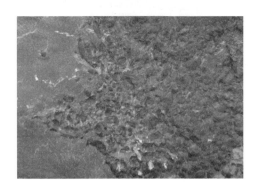

图 3 - 15 鲕粒结构

图 3 - 16 鲕粒结构

图 3 - 17 雾迷山组一段鲕状硅质白云岩

根据区域地质资料，本段上部主要以浅灰色—灰白色为主，下部以深灰色中层及厚层含燧石条带粗晶白云岩、沥青质白云岩，夹灰白色厚、巨厚层含粉砂泥晶白云岩为主，如图 3 - 18 所示。下部为灰白色中厚层含粉砂泥晶白云岩，与燧石条带白云岩互层，偶夹纹层状沥青质白云岩，其韵律性明显，如图 3 - 19 所示。本段底界深度为 3 023.07 m，厚度为 720.29 m。

图 3 - 18 雾迷山组一段深灰白云岩
与粉砂质白云岩互层

图 3 - 19 雾迷山组一段含粉砂白云岩
与纹层状沥青质白云岩互层

二段：本段上部由浅灰色—灰白色含灰白云岩组成，如图 3 - 20 所示。

根据区域资料，其发育燧石条带白云岩，局部含沥青质块体，偶见黄铁矿散晶，鲕粒不发育，裂隙发育，岩芯破碎。

本段中部由灰色—深灰色含灰白云质砂砾岩、泥晶灰质白云岩、黑色燧石条带和硅质层构成韵律层，夹薄层淡红色白云岩，底部为砖红色厚层白云岩（根据岩芯及岩屑确定为该段底界），脉状裂隙发育，填充物为方解石脉，如图 3 - 21 所示。本段最大厚度为 919.00 m，本次确定深度为 2 302.78 m，厚度为 976.18 m。

雾迷山组确定厚度为 1 696.47 m，与下伏杨庄组地层整合接触。

图 3 - 20　雾迷山组二段浅灰色—　　　图 3 - 21　雾迷山组二段砖红色白云岩

灰白色白云岩

3.2.2　新生界

按设计要求，本次新生界地层大部分为无芯钻进，为了进行资料对比，在 1 217.01 ~ 1 224.97 m 进行了取芯钻进，各组段的特征按照岩屑及区域资料进行描述，描述内容如下：

1）新近系明化镇组下段（$Nm_下$）

根据岩屑特征及测井曲线判定，底界埋深 1 326.60 m，直接覆盖在基岩之上，为灰绿色、棕红色泥岩夹灰绿色、灰白色砂岩，与下伏雾迷山组成角度不整合接触。

2）新近系明化镇组上段（$Nm_上$）

底界埋深 719.04 m，为棕红色、浅棕红色泥岩与浅灰黄色、浅灰白色砂岩、含砾粗砂岩呈不等厚互层。泥岩质纯，砂岩主要成分为石英、长石，松散，未成岩，与明化镇组下段地层成整合接触。

3）第四系平原组（Q）

根据岩屑颜色特征及周边地热井资料，确定底界埋深 503.96 m，主要为灰黄色、黄色的亚黏土、亚砂土与砂的互层，较为松散。

新生界确定厚度为 1 326.60 m。

GRY1 号钻孔在该段地层未发现断层和岩浆岩。

3.3 构造

3.3.1 研究区活动构造

本区位于太平洋地震构造带，地震较为频繁，1704 年 9 月，东光、沧县发生 5.5 级地震，烈度为 7 度；1967 年 3 月 27 日，在河间、大城发生 6.3 级地震，河间、大城房屋倒塌较多；1973 年 12 月 31 日，河间、大城又发生了 5.3 级地震，烈度为 6 度，这次地震向南波及临清、聊城一带。

按照《中国地震动参数区划图》（GB 18036—2015），我国主要城镇抗震设防烈度、设计基本地震加速度和设计地震分组，本区地震烈度为 7 度，设计基本地震加速度值为 0.10g。

3.3.2 地热田构造

研究区内以北东及北北东向断裂构造为主，东部边界构造为沧州—大名深断裂，南部为无极—衡水大断裂，西部为次一级断裂，构成了与冀中台陷的分界线，主要构造叙述如下：

1）沧东断裂（沧州—大名深断裂带）

该断裂为平原区的一条重要的隐伏断裂，北起唐山、丰润之间，向南经天津、沧州、德州、大名延至河南，总体走向 NE30°，倾向 SE，倾角 30°，垂直断距为 3～5 km，属于正断层，中生代产生，并伴随有频繁的火山活动。据地震测深资料证实，断裂已切穿整个地壳，属硅镁层断裂。断裂两盘的新生界发育程度差异明显。据航磁与地震资料分析，结合钻探资料，西侧新近系直接覆盖在古生界或中—上元古界之上，期间缺失古近系和中生界，东侧则隐伏有巨厚的古近系。该断裂是控制沧县台拱和黄骅台陷的构造分界线。

2) 献县断裂

该断裂为继承性断裂，走向 NW30°~NW44°，倾向 NW，自太古代至新生代都在活动，具有延伸长、断距大的特点；断层西侧的饶阳凹陷基岩埋深 3 km 左右，东侧的献县凸起基岩埋深 1 300 m 左右，献县断裂两侧基岩埋深相差 1 km 以上。

3) 无极—衡水大断裂

该断裂走向 NW20°，倾向 NE，倾角为 39°~55°，断裂在衡水一带反应明显，落差 900~3 600 m，属正断层。对中、新生代沉积有明显的控制作用。

3.4 地温场特征

3.4.1 新生界地温场特征

根据收集的研究区的地热井测温资料，对新生界地温场特征做简要评价，计算相应地热井的新生界地温梯度值如表 3-2 所示。

表 3-2 研究区内地热井新生界地温梯度一览表

地热井	地温梯度/ ($℃·100\ m^{-1}$)	地热井	地温梯度/ ($℃·100\ m^{-1}$)	地热井	地温梯度/ ($℃·100\ m^{-1}$)
R5	3.61	圈头乡地热井	2.74	茂源高庄	2.93
泊头振江地热井	3.30	文汇小区地热井	2.63	舒美实业	2.73
龙华镇地热井	2.62	热10孔	2.47	大城39-1	3.70
东光嘉汇小区地热井	3.00	沧卫1孔	3.82	献县垒头乡地热井	3.82
吴桥连城地热井	2.63	青热4	3.66	GRY1	3.24

研究区新生界地温梯度等值线的地温梯度由北向南逐步降低，东西方向变化规律不明显，献县凸起大部分地温梯度达到 3.0 ℃/100 m 以上，信德地热井达到 5.17 ℃/100 m，大体是从西向东逐渐降低，反映到平面图上呈条带状分布。

3.4.2　基岩段地温场特征

根据收集的资料及地热地质调查结果，研究区内利用基岩段热储主要分布在青县凸起、大城凸起和献县凸起。其他地区主要利用新生界馆陶组和明化镇组热储，具体内容如下：

1）石炭—二叠系

本组地层主要分布在青县、大城等地区，据目前收集资料，大热 1 地热井和 39 - 1 地质孔揭露了石炭—二叠系地层，具体测温情况如表 3 - 3 所示。

表 3 - 3　研究区内石炭—二叠系地层地温梯度一览表

地热井名称	位置	揭露深度/m	实测温度/℃	地温梯度/ (℃ · 100 m^{-1})
大热 1	大城县北关	976.00 ~ 1 428.00	53.00 ~ 65.30	2.72
39 - 1	Y：4286517.39 X：468349.41	864.41 ~ 1 494.71	33.70 ~ 57.40	3.76
平均				3.24

2）奥陶—寒武系

本组地层主要分布在青县、大城等地区，据目前收集的资料，大热 1 和同聚祥城地热井揭露了奥陶—寒武系地层，具体测温情况如表 3 - 4 所示。

表 3 - 4　研究区内奥陶—寒武系地层地温梯度一览表

地热井名称	位置	揭露深度/m	实测温度/℃	地温梯度/ (℃ · 100 m^{-1})
大热 1	大城县北关	1 428.00 ~ 2 987.00	65.30 ~ 88.70	1.50
同聚祥城	青县城区同聚祥商城附件	133.40 ~ 1 666.00	19.15 ~ 21.70	0.66
平均				1.08

3) 蓟县—长城系

本组地层主要分布在献县、大城等地区，目前收集的资料表明，大热 1 和 GRY1 号钻孔揭露了蓟县—长城系地层，具体测温情况如表 3 - 5 所示。

表 3 - 5　研究区内蓟县—长城系地层地温梯度一览表

地热井名称	位置	揭露深度/m	实测温度/℃	地温梯度/（℃·100 m^{-1}）
大热 1	大城县北关	2 987.00 ~ 3 493.61	88.70 ~ 99.20	2.08
GRY 1	X: 4230744.73　Y: 2042194.13	2 160.00 ~ 4 004.93	84.46 ~ 107.56	1.25
平均				1.67

综上所述，基岩段热储在非碳酸盐岩段（石炭—二叠系）地温梯度明显增高，平均达到 3.85 ℃/100 m，在碳酸盐岩地层地温梯度明显降低，奥陶—寒武系平均地温梯度为 1.08 ℃/100 m；蓟县—长城系平均地温梯度为 1.67 ℃/100 m，说明随着富水性的增强，地温梯度会逐渐降低。

3.4.3　测温结果分析

本区施工 GRY1 孔施工过程中，钻井液停止循环时间超过 3 天进行测温的有 3 次。对每次的测温成果分析如下：

1) 孔深 2 160 m 测温

本次由中国核工业航测遥感中心进行了测温，测温深度为 2 160.00 m，终孔温度为 84.46 ℃。测温曲线如图 3 - 22 所示。

25.00 ~ 1 500.00 m 地温梯度为 3.75 ℃/100 m；雾迷山组上部地温梯度为 0.63 ℃/100 m。

2) 抽水试验前测温

此次由中国核工业航测遥感中心进行了测温，测温深度为 4 002.68 m，终孔温度为 106.64 ℃。测温曲线如图 3 - 23 所示。

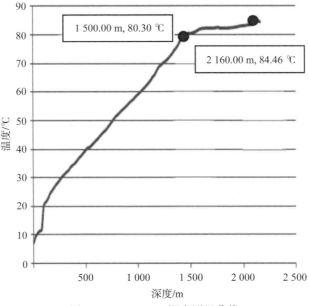

图 3 - 22 2 160 m 深度测温曲线

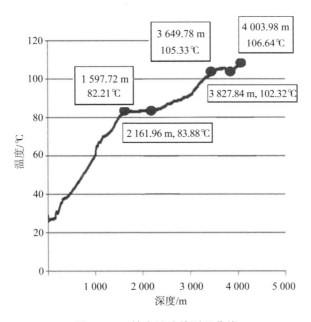

图 3 - 23 抽水试验前测温曲线

25.00 ~ 1 597.72 m 地温梯度为 4.27 ℃/100 m；雾迷山组上部地温梯度为 0.30 ℃/100 m；雾迷山组中部—杨庄组上部富水性相对较弱，地温梯度为

1.46 ℃/100 m；杨庄组下部至 3 827.84 m 为强含水层，温度降低，地温梯度为
−1.69 ℃/100 m；3 827.84 m 至孔底，富水性较弱，地温梯度增大为 2.45 ℃/
100 m。在岩溶发育地层，地温梯度随赋水性的增强而降低。

　　3）抽水试验后测温

　　本次抽水试验结束后 72 小时进行了全孔测温，测温深度为 4 004.93 m，温
度为 107.56 ℃。全孔测温曲线如图 3 – 24 所示。

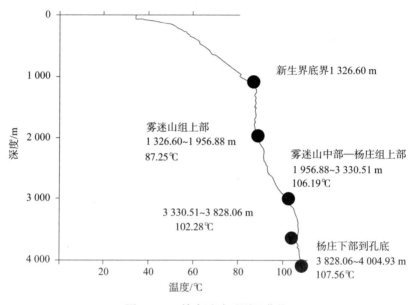

图 3 – 24　抽水试验后测温曲线

　　新生界地温梯度为 4.08 ℃/100 m；雾迷山组上部富水性强，地温梯度为
−0.06 ℃/100 m；雾迷山组中部—杨庄组上部富水性相对较弱，地温梯度为
1.38 ℃/100 m；杨庄组上部至 3828.06 m 为强含水层，温度降低，地温梯度为
−0.79 ℃/100 m；3 828.06 m 至孔底，富水性较弱，地温梯度增大为 2.98 ℃/
100 m，地温梯度随赋水性的减弱而增强。

　　综上所述，孔深 2 160 m 时，钻孔还未与深部热水导通，因此，此时的测温
成果比较真实接近上部的地温梯度，故可作为新生界地温场评价的基础数据。

　　经过抽水前后对比，两次测温曲线总体形态是一致的，由于经过抽水试验，
深部热水对流引起抽水后的临界点相对提前，且各个临界点的温度更趋近于水
温，因此抽水前的测温曲线更接近于岩温，在以下内容中提到的测温曲线均为抽

水前测温曲线。

 ## 3.5 研究区地热显示特征

3.5.1 地热显示特征

本次共收集了 GRY1 号钻孔周边 23 份地热井勘查数据，均经过水文相关组织评审论证，论证结果表明其数据真实可用。献县各地热田地热井勘查数据如表 3 - 6 所示。

表 3 - 6 献县地热田地热井成果统计

井名	热储	成井深度/m	利用段/m	涌水量/$(m^3 \cdot h^{-1})$	水温/℃	开发形式	尾水温度/℃
舒美地热井	Jxw	1 306.00	1 216.70 ~ 1 306.00	48.57	75.50	供暖、洗浴	28.00
信德地热井	Jxw	1 770.00	1 496.92 ~ 1 766.80	92.24	98.00	供暖、洗浴	35.00
凯荣地热井	Jxw	1 750.00	1 513.50 ~ 1 750.00	66.33	91.00	供暖	35.00
信洁地热井	Jxw	1 697.24	1 463.80 ~ 1 697.24	84.82	94.00	供暖、洗浴	30.00
北环地热井	Jxw	1 700.00	1 500.00 ~ 1 700.00	59.41	96.00	供暖	30.00
金发 1 号地热井	Jxw	1 698.00	1 378.70 ~ 1 685.70	67.66	96.0	供暖	35.00
金发 2 号地热井	Jxw	1 700.00	1 381.00 ~ 1 700.00	59.60	93.0	供暖	35.00
银都地热井	Jxw	1 950.00	1 600.00 ~ 1 950.00	87.32	98.00	供暖、洗浴	35.00
工业区地热井	Jxw	2 200.00	1 449.62 ~ 2 200.00	67.54	90.0	供暖	35.00
周官屯地热井	Nm	1 300.00	1 000.00 ~ 1 300.01	22.93	54.0	供暖	36.00

井名	热储	成井深度/m	利用段/m	涌水量/(m³·h⁻¹)	水温/℃	开发形式	尾水温度/℃
赵庄地热井	Jxw	2 000.00	1 600.00 ~ 1 950.00	32.24	72.00	供暖	35.00
燕京地热井	Jxw	1 981.28	1 178.00 ~ 1 981.28	80.19	79.30	供暖	40.00
诺信地热井	Ng + Ed	2 090.11	1 647.30 ~ 2 034.00	25.80	71.00	供暖	25.00
大张庄地热井	Jxw	2 260.00	1 525.00 ~ 2 240.10	42.04	89.0	供暖	35.00
茂源滨河地热井	Jxw	1 853.00	1 342.50 ~ 1 853.00	56.93	81.5	供暖	38.00
献电热 1 井	Jxw	1 826.80	1 538.80 ~ 1 826.80	69.04	91.80	供暖	38.00
东方屯地热井	Jxw	1 850.00	1 500.00 ~ 1 850.00	112.7	90.0	供暖	35.00
茂源高庄地热井	Jxw	2 050.00	1 440.00 ~ 2 050.00	110.24	85.0	供暖	30.00
献迎热 1 地热井	Jxw	1 596.80	1 435.80 ~ 1 596.80	64.17	97.0	供暖、洗浴	35.00
献电热 2 井	Jxw	1 697.24	1 463.80 ~ 1 697.24	22.55	94.00	供暖、洗浴	35.00
城关地热田献热 1 井	Nm	1 100.35	941.98 ~ 1 090.35	64.57	62.0	供暖、洗浴	30.00
XXZK - 2	Jxw	2 004.00	1 361.40 ~ 1 976.80	104.02	83.0	供暖、洗浴	25.00
XXZK - 1	Jxw	2 500.18	1 377.88 ~ 2 500.18	109.29	83.0	供暖、洗浴	25.00

3.5.2 研究区其他地区地热井资料

其他地区的地热井主要集中在沧州、献县、景县、吴桥、泊头等县城城区内，本次收集到了 19 个地热井，具体勘查数据如表 3 - 7 所示。

表 3－7 研究区其他地区地热井勘查成果

县市	井号	水温/℃	静水位/m	涌水量/(m³·h⁻¹)	单位涌水量/(m³·h⁻¹·m⁻¹)	水质	热储类型	取水段/m	利用方式
沧州	R5	52	13.22	68	1.71	—	馆陶组	1 342.5～1 471.4	
	R6	54	44	108	4.043	Cl - Na 型	明化镇、馆陶组、沙河街组	1 205.0～1 502.0	供暖洗浴
青县	同聚祥地热井	48	29	70	1.375	Cl·SO₄ - Na 型	馆陶组、奥陶系	1 232.01～1 666.00	供暖
	9901	56	—	—	—	Cl - Na 型	峰峰组、马家沟组	1 211～1 591	—
吴桥	连城水岸地热井	53	11.5	100	2.73	Cl - Na 型	馆陶组	1 213.7～1 286.4	供暖
泊头	鑫热1号地热井	50	6.5	118.16	2.71	Cl - Na 型	明化镇组、二叠系	1 060.00～1 190.37	供暖洗浴
	启通商贸地热井	50	7.1	80	1.74	Cl - Na 型	明化镇组	989.82～1 176.00	供暖洗浴
	天利房产地热井	48	7.8	100	2.19	Cl - Na 型	明化镇组	1 026.10～1 138.30	供暖
	亿佳地热井	50	6.8	80.16	1.99	Cl - Na 型	明化镇组	1 029～1 160	供暖
	中联房产地热井	49	6	80	3.31	Cl - Na 型	明化镇组	1 030～1 185	供暖

续表

县市	井号	水温/℃	静水位/m	涌水量/(m³·h⁻¹)	单位涌水量/(m³·h⁻¹·m⁻¹)	水质	热储类型	取水段/m	利用方式
景县	景热1地热井	52	5.5	80	3.556	Cl-Na型	馆陶组	1 091.6 ~ 1 233.0	供暖
	景热2地热井	50	22	50	1.786	Cl-Na型	馆陶组	1 004.55 ~ 1 095.07	供暖
	景热3地热井	52	10	80	1.86	Cl-Na型	馆陶组	1 094.3 ~ 1 200.5	供暖
	景热4地热井	51	18	80	3.333	Cl-Na型	馆陶组	1 101.6 ~ 1 209.6	供暖
	景热5地热井	52	20	80	3.333	Cl-Na型	馆陶组	1 088.2 ~ 1 211.5	供暖
	景热6地热井	51	18	80	3.333	Cl-Na型	馆陶组	1 102.9 ~ 1 217.0	供暖
	景热7地热井	51	18.6	80	3.008	Cl-Na型	馆陶组	1 098.31 ~ 1 198.04	供暖
	景龙热15地热井	49	85	74	3.699	Cl-Na型	馆陶组	1 309.40 ~ 1 476.53	供暖
大城	大热1井	68	16.8	90	1.54	—	寒武—奥陶系	1 575.0 ~ 3 169.0	—

为了了解周边地热井经过多年开采后的现状，项目组对周边 21 眼地热井进行了调查，经过多年的开采，水位、水温均有不同程度的下降，如表 3 - 8 所示。

表 3 - 8 钻孔水位、水温对照表

序号	钻孔名称	成井水位/m	目前水位/m	成井水温/℃	目前水温/℃
1	信洁地热井	+12.50	30.00	94.00	85.00
2	北环地热井	5.74	60.00	96.00	96.00
3	北环地热回灌井	—	60.00	96.00	96.00
4	诺信地热井	+0.20	—	71.00	65.00
5	信德地热井	12.36	50.00	98.00	98.70
6	凯荣地热井	+25.00	—	92.00	
7	周官屯地热井	35.19		60.00	
8	献迎热 1 井	+32.00	80.00	97.00	93.00
9	东方屯地热井	31.29	85.00	82.00	80.00
10	金发地热	+25.00	—	96.00	—
11	金发地热 2	+20.00	60.00	93.00	87.00
12	茂源日新地热 2 井	+20.00	50.00	93.00	87.00
13	舒美实业地热井	+8.00	50.00	75.50	68.00
14	燕京啤酒厂地热井	4.00	80.00	79.30	77.00
15	银都地热井	10.44	60.00	98.00	98.00
16	赵庄地热井	27.71	35.00	72.00	72.00
17	XXZK - 1 地热井	—	52.20		83.00
18	XXZK - 2 地热井	—	56.70		83.00

通过资料收集及地热地质调查，对比以往和现状，为系统评价献县地热田雾迷山组热储成井时的水文地质特征提供了基础数据，同时也为雾迷山组热储的综合开发利用奠定了基础。

▨ 3.6 热储特征

综合分析区域地质资料，研究区地热资源丰富，热储盖层由新生界第四系构成，为一套以河湖相为主，兼有海相和湖沼相成因的松散沉积物，其岩性由黏土、亚黏土、亚砂土与粉细砂、细砂组成，地层结构松散，土质疏松，孔隙度大，导热性差，底界埋深 380 ~ 503.96 m，与明化镇组地层呈不整合接触，是理想的区域热储盖层。

研究分析区域地质资料，此类地热田下部数公里有熔融和半熔融岩体的存在，大多面积在数平方千米到数十平方千米，形成各处地热田的热源。大气降水、地表水入渗和地下水沿多孔介质的渗流是地热流体的一般来源，浅部的地热流体通常是地下水沿深大断裂带经深循环至基底热源加热升温以后，沿次一级的断裂破碎带通道上升至地表浅层储集起来，形成浅层中低温热储；而深部热储的热储可能与深部干热岩的存在有关，经底部连通裂隙的循环，形成地表深层高温热储。其热储的特点是：温度一般较高，大于 150 ℃，地热显示多为 50 ~ 80 ℃，流体的水化学类型常见为 Cl – Na 型或 Cl·HCO_3 – Na 型。

经钻探揭露地层发现，献县地热田的主要可利用热储层为侏罗系雾迷山组的白云岩，还有部分新近系的明化镇组和馆陶组地层，以及少量的古近系东营组地层，其水温在 54 ~ 98 ℃，主要利用形式还是以供暖为主。

GRY1 号孔位于献县地热田，目前献县地热田主要热储为蓟县系杨庄组—长城系高于庄组热储、蓟县系雾迷山热储、新近系明化镇组热储。

3.6.1 蓟县杨庄组—长城系高于庄组热储

高于庄组揭露厚度 252.82 m（3 767.46 ~ 4 025.82 m），根据消耗量观测结合测井资料，综合确定 3 800.00 ~ 3 843.00 m、3 874.00 ~ 3 887.00 m、3 935.00 ~ 3 952.00 m 为含水层段。热储岩性为白云岩，与上覆地层不整合接触，裂隙发育，连通性好，形成良好的储层。根据 GRY1 号钻孔揭露的地层情况，该热储顶板埋深 3 767.46 m，出口最高水温达 103.50 ℃。该热储埋藏较深，目前还未开采利用。

杨庄组总厚 744.39 m（3 023.07~3 767.46 m），主要为泥质白云岩，泥质成分较高，泥浆消耗量为 0.60~108.00 m³/h；根据其消耗量观测资料，3 749.33~3 760.50 m 层段泥浆消耗量为 108 m³/h，结合测井资料 3 746.00~3 761.00 m 层段为一类裂缝层，综合确定 3 746.00~3 761.00 m 层段为含水层。

通过测井解释成果结合钻孔简易水文观测，综合确定 3 701.16~4 025.82 m 层段（裸眼段）含水层厚度为 88 m，本次对该层段进行两次抽水试验，最大涌水量为 69.38 m³/h。压裂前抽水试验中采样结果分析表明，水质类型为 Cl – Na型，矿化度为 6 437.06 mg/L，富含锶、偏硼酸，不能作为生活饮用水、渔业用水和农业灌溉用水，但可作为优质医疗热矿水。

3.6.2　蓟县系雾迷山组热储层

热储岩性为白云岩，与上覆地层不整合接触，曾长期裸露地表遭受风化剥蚀和溶蚀，空洞十分发育，连通性好，形成良好的储层。该热储在献县县城一带顶板埋深 1 300.00~1 500.00 m，具有埋藏浅、温度高、水量大的特点。目前区内的雾迷山组地热井，成井时均自流，水头高于地表 25.00~50.00 m，自流量为57.88~90.00 m³/h，井口水温为 91.8~96.0 ℃。经过多年的开采，其水位、水温均有不同程度的下降。

蓟县系雾迷山组主要岩性为白云岩、燧石条带白云岩，具有可溶性，经过多次构造运动，其表层风化壳为该层热储的主要储水空间，在强烈的岩溶作用下形成孔、洞、缝相当发育的溶蚀型碳酸盐热储体，也成为地下热水储存的良好空间。根据目前周边地热井开采资料，水质类型为 Cl – Na 型，水量为 70.00~120.00 m³/h，矿化度在 6.00 g/L 左右，不能作为生活饮用水、渔业用水和农业灌溉用水，可直接用于供暖、医疗和洗浴。

该热储是目前献县地热田主要开采热储层，具有水量大、水温高的特点。根据对 GRY1 号钻孔水文地质观测，1 344.35~1 613.96 m 消耗量为 19.30~108.00 m³/h；根据抽水后测温曲线成果，1 326.60~1 956.88 m 出现地温梯度负增长（地温梯度为 -0.06 ℃/100 m）。因此，综合确定蓟县系雾迷山组含水层层段为 1 326.60~1 956.88 m，厚度为 630.28 m。

距 GRY1 号钻孔南部约 50 m 的 XXZK1 钻孔终孔深度为 2 500.18 m，终孔层位为蓟县系雾迷山组，并对雾迷山组含水层（1 337.88 ~ 2 500.18 m）进行了抽水试验，最大涌水量为 109.29 m³/h，井口水温为 83 ℃；距本孔北部约 80 m 的 XXZK2 钻孔终孔深度为 2 004 m，终孔层位为蓟县系雾迷山组，并对雾迷山含水层（1 337.88 ~ 2 500.18 m）进行了抽水试验，最大涌水量为 104.02 m³/h，井口水温为 83 ℃，水质类型均为 Cl - Na 型，富含锶、偏硼酸，为优质医疗热矿水。

XXZK1 和 XXZK2 地热井的实施，为了解目前蓟县雾迷山热储的水文地质特征提供了地质依据，为献县地热田经过多年开采的数据对比及地热资源的综合利用规划奠定了基础。

3.6.3 新近系明化镇组热储

全区均有分布，顶板埋深在 450 m 左右，底板埋深为 1 200 ~ 1 500 m，分为明化组上段和明化组下段。目前，周边地热井仅有两眼地热井开采利用新生界热储，即献热 1 井（GRY1 号井西南方向 4.90 km）、河北省献县诺信机械工程材料有限公司地热井（GRY1 号井西北方向 10.95 km）。根据上述两孔水文地质资料，新生界含水层组主要分为新近系明化镇上含水层、新近系明化镇下含水层。

明化镇组上段底界平均埋深在 770.00 ~ 890.00 m，平均厚度为 103 m。本孔埋深为 719.04 m，厚度为 215.08 m。砂层单层最大厚度为 25 m，砂厚比为 30% ~ 40%，孔隙度约 30%，具有良好的富水性及透水性，本次揭露厚度为 272.4 m，砂厚比为 76%。本段水量大于 50 m³/h，井口水温可达 40 ~ 50 ℃，水质为 Cl - Na 型。

明化镇组下段以半成岩状的粉砂为主，具有良好的富水性和透水性，底界埋深平均为 1 000 ~ 1 350 m，本孔埋深为 1 326.60 m，厚度为 603.56 m，砂层单层厚度一般在 3 ~ 5 m，最大为 14 m，砂厚比约 20%，孔隙度一般在 23% ~ 27%。本次揭露含水层厚度为 133.20 m，砂厚比为 27%；其发育具有不均一性，单独成井水量较小，但水温较高，所以在明化镇组成井时应取明化镇组上段底部及明化镇组下段上部热储综合成井。

明化镇组含水层水量大于 60.00 m³/h，井口水温可达 60 ℃以上，水位为 31.00 ~ 35.00 m，水质为 HCO₃ - Na 型，矿化度为 1.009 ~ 1.925 g/L。如利用明化镇组含水层的献热 1 井，成井段在 931.00 ~ 1 090.00 m，涌水量为 64.00 m³/h，水温在 62 ℃，目前区内对该热储利用程度较低。

3.6.4 关于雾迷山组热储与高于庄组热储是否有水力联系的分析

1. 水位变化情况

在 GRY1 号钻孔南北约 50 m 处各有地热井 1 眼，XXZK1 孔和 XXZK2 孔，抽水层段均为蓟县系雾迷山组热储。为了证实蓟县系雾迷山组热储与长城系高于庄组热储是否有水力联系，在对 GRY1 高于庄组热储抽水过程中，对上述两眼井均进行了同步水位观测，由于观测现场要下泵抽水，仅在抽水初期进行了观测，观测数据如表 3-9 所示。

表 3-9　XXZK1 孔和 XXZK2 孔水位观测统计

XXZK1 钻孔水位观测记录			XXZK2 钻孔水位观测记录		
观测点高出地面：0.67 m			观测点高出地面：0.50 m		
2017 年 6 月		静水位/m	矫正后水位/m	2017 年 6 月		静水位/m	矫正后水位/m
日	时：分			日	时：分		
11	11：00	48.55	47.88	11	11：00	49.60	49.10
	17：00	48.43	47.76		17：00	49.48	48.98
	23：00	48.33	47.66		23：00	49.38	48.88
12	5：00	48.44	47.77	12	5：00	49.57	49.07
	11：00	48.46	47.79		11：00	49.66	49.16
	17：00	48.42	47.75		17：00	49.57	49.07
	23：00	48.36	47.69		23：00	49.49	48.99
13	5：00	48.30	47.63	13	5：00	49.40	48.90
	11：00	49.10	48.43		11：00	50.20	49.70
	17：00	48.10	47.43		17：00	49.10	48.60
	23：00	48.15	47.48		23：00	49.13	48.63
14	5：00	48.17	47.50	14	5：00	49.17	48.67
	11：00	48.20	47.53		11：00	49.20	48.70
	17：00	48.23	47.56		17：00	49.19	48.69
	23：00	48.20	47.53		23：00	49.22	48.72

续表

XXZK1 钻孔水位观测记录				XXZK2 钻孔水位观测记录			
观测点高出地面：0.67 m				观测点高出地面：0.50 m			
2017 年 6 月		静水位/m	矫正后水位/m	2017 年 6 月		静水位/m	矫正后水位/m
日	时：分			日	时：分		
15	5：00	48.22	47.55	15	5：00	49.23	48.73
	11：00	48.90	48.23		11：00	50.02	49.52
	13：00	48.90	48.23		13：00	50.05	49.55
	15：00	48.91	48.24		15：00	49.94	49.44
	17：00	48.90	48.23		17：00	49.90	49.40
	19：00	48.90	48.23		19：00	49.94	49.44
	21：00	48.12	47.45		21：00	50.09	49.59
	23：00	48.09	47.42		23：00	50.09	49.59
16	1：00	48.90	48.23	16	1：00	50.09	49.59
	3：00	48.84	48.17		3：00	49.84	49.34
	5：00	48.84	48.17		5：00	49.88	49.38
	7：00	48.80	48.13		7：00	49.88	49.38
	9：00	48.85	48.18		9：00	49.85	49.35
	11：00	48.90	48.23		11：00	49.98	49.48
	13：00	48.85	48.18		13：00	50.00	49.50
	15：00	48.80	48.13		15：00	49.90	49.40
	下泵准备抽水，停测				17：00	49.92	49.42
					19：00	49.84	49.34
					21：00	50.08	49.58
					23：00	50.01	49.51
				17	1：00	50.03	49.53
					3：00	49.74	49.24
					5：00	49.80	49.30
					7：00	49.76	49.26
					下泵准备注水，停测		

通过水位观测，在 GRY1 号孔抽水过程中，XXZK1 孔和 XXZK2 孔水位无明显变化，证实了雾迷山组含水层与杨庄组、高于庄组含水层之间水力联系较差。

2. 水质特征

据抽水试验资料，GRY1 号钻孔水质矿化度含量为 6 437.06 mg/L，属于 Cl - Na 型地下水，钙、镁毫克当量浓度为 13.97%，故为极硬水；按理疗热矿水标准，其中锶、氟、偏硼酸均达到了矿水浓度。

XXZK1 孔抽水层段为蓟县系雾迷山组，其水质特征为：矿化度含量为 5 910 mg/L，属于 Cl - Na 型地下水，钙、镁毫克当量浓度为 12.34%，故为极硬水；按理疗热矿水标准，其中锶、氟、偏硼酸均达到了矿水浓度。

根据水质对比分析，各个化验指标均存在一定的差异，初步佐证了雾迷山组含水层与杨庄组、高于庄组含水层之间水力联系较差。

3. 相对隔水层的隔水性能

根据测井曲线及消耗量观测，综合分析：1 326.60 ~ 2 246.34 m，消耗量介于 3.22 ~ 108.00 m³/h，视为含水层段；2 246.34 ~ 3 667.79 m，消耗量介于 0.64 ~ 1.61 m³/h，位于雾迷山组一段及杨庄组上部，岩性以泥质白云岩为主，泥质成分较高，裂隙不发育，视为相对隔水层；3 667.79 ~ 3 760.50 m，消耗量为 8.04 ~ 108.00 m³/h，岩性为白云岩，裂隙发育，测井解释为一类至二类裂缝层，可视为含水层。

4. 地温梯度变化情况

在地温梯度变化上，据本章上面内容可知：雾迷山组上部（1 597.72 ~ 2 161.96 m）地温梯度为 0.30 ℃/100 m；雾迷山组中部—杨庄组上部（2 161.96 ~ 3 649.78 m）富水性相对较弱，地温梯度为 1.46 ℃/100 m；杨庄组下部（3 649.78 ~ 3 827.84 m）为强含水层，温度降低，地温梯度为 - 1.69 ℃/100 m；3 827.84 m 至孔底，富水性较弱，地温梯度增大为 2.45 ℃/100 m。

在岩溶发育地层，地温梯度随赋水性的增强而降低。

综上所述，雾迷山组上部富水性较强，雾迷山组下部至杨庄组上部沉积 1 500 m 左右的泥质白云岩，富水性较弱，可视为相对隔水层。因此，初步认为雾迷山组顶部含水层与长城系高于庄组含水层之间水力联系较弱。

3.7　地热地质特征

3.7.1　地热特征

根据目前钻孔测温资料和收集的周边地热井测温资料，绘制雾迷山组顶部热储温度等值线分布图和基岩热储温度等值线分布图。

可以看出，以献电热 2 为中心，基岩热储温度有向周边逐步减小的趋势，水位以金发 1 井、金发 2 井为中心，埋深向东逐渐加大。

3.7.2　地质特征

1. 新生界埋深

根据钻孔实测及周边钻孔资料，钻孔周边新生界埋深介于 1 300.00 ~ 1 500.00 m，顺献县县城自西向东有逐渐变薄的趋势。

2. 孔隙度

GRY1 号钻孔基岩段孔隙度如表 3 - 10 所示。

表 3 - 10　GRY1 孔基岩段孔隙度统计

层号	起始深度/m	终止深度/m	厚度/m	孔隙度/%	解释结论
	SDEP	EDEP	H	POR	
1	1 375.00	1 386.60	11.60	2.03	二类裂缝层
2	1 456.60	1 492.30	35.70	3.12	一类裂缝层
3	1 613.40	1 618.60	5.20	2.76	二类裂缝层
4	1 631.00	1 636.30	5.30	2.32	二类裂缝层
5	1 658.60	1 673.80	15.20	2.65	二类裂缝层
6	1 719.20	1 731.80	12.60	0.12	三类裂缝层
7	1 764.60	1 780.00	15.40	2.87	二类裂缝层
8	1 792.40	1 799.90	7.50	2.86	二类裂缝层

续表

层号	起始深度/m	终止深度/m	厚度/m	孔隙度/%	解释结论
	SDEP	EDEP	H	POR	
9	1 822.60	1 830.80	8.20	2.34	二类裂缝层
10	1 842.90	1 848.20	5.30	2.21	二类裂缝层
11	1 862.00	1 868.80	6.80	2.54	二类裂缝层
12	1 874.70	1 879.40	4.70	2.17	二类裂缝层
13	1 884.60	1 897.50	12.90	2.73	二类裂缝层
14	1 903.40	1 909.80	6.40	1.98	三类裂缝层
15	1 945.50	1 952.90	7.40	0.54	三类裂缝层
16	1 960.10	1 970.30	10.20	2.97	一类裂缝层
17	2 094.40	2 107.20	12.80	2.12	二类裂缝层
18	2 152.90	2 167.10	14.20	2.67	二类裂缝层
19	2 203.60	2 214.40	10.80	3.86	一类裂缝层
20	2 229.10	2 242.40	13.30	0.12	三类裂缝层
21	2 281.80	2 309.80	28.00	2.56	二类裂缝层
22	2 430.50	2 448.70	18.20	5.31	三类裂缝层
23	2 606.20	2 611.60	5.40	4.08	三类裂缝层
24	2 647.10	2 653.80	6.70	4.59	三类裂缝层
25	2 734.50	2 740.20	5.70	3.96	三类裂缝层
26	2 827.10	2 833.00	5.90	0.69	三类裂缝层
27	2 851.30	2 861.30	10.00	3.93	一类裂缝层
28	3 275.30	3 333.70	58.40	2.04	二类裂缝层
29	3 351.90	3 358.60	6.70	0.79	三类裂缝层
30	3 379.50	3 385.20	5.70	0.83	三类裂缝层
31	3 396.00	3 399.70	3.70	0.94	三类裂缝层

续表

层号	起始深度/m SDEP	终止深度/m EDEP	厚度/m H	孔隙度/% POR	解释结论
32	3 405.10	3 409.90	4.80	0.84	三类裂缝层
33	3 419.20	3 424.40	5.20	1.24	三类裂缝层
34	3 443.30	3 447.70	4.40	0.73	三类裂缝层
35	3 458.50	3 464.90	6.40	0.19	三类裂缝层
36	3 552.20	3 559.50	7.30	1.20	三类裂缝层
37	3 584.70	3 590.00	5.30	0.77	三类裂缝层
38	3 597.10	3 601.70	4.60	0.80	三类裂缝层
39	3 615.20	3 624.70	9.50	1.80	三类裂缝层
40	3 645.20	3 653.60	8.40	1.02	三类裂缝层
41	3 664.90	3 672.50	7.60	0.83	三类裂缝层
42	3 746.00	3 761.00	15.00	2.72	一类裂缝层
43	3 800.00	3 843.00	43.00	0.76	二类裂缝层
44	3 852.00	3 865.50	13.50	0.67	三类裂缝层
45	3 874.00	3 887.00	13.00	1.24	二类裂缝层
46	3 895.00	3 905.80	10.80	2.54	三类裂缝层
47	3 913.00	3 919.00	6.00	3.48	三类裂缝层
48	3 935.00	3 952.00	17.00	1.88	二类裂缝层
49	3 975.00	3 987.00	12.00	0.84	三类裂缝层

　　GRY1 号钻孔基岩段孔隙度随深度变化特征如图 3 – 25 所示。从图中可以看出，GRY1 号钻孔基岩段 2 500 m 以浅孔隙度较大，钻井液消耗量较大，为目前主要利用雾迷山组热储含水层；2 500 ~ 3 700 m 孔隙度降低，泥质成分增大，为雾迷山组下部及杨庄组中上部地层，钻井消耗量降低；3 700 m 至孔底，孔隙度增大，为高于庄组热储，钻井液消耗量最大，达 108 m^3/h。

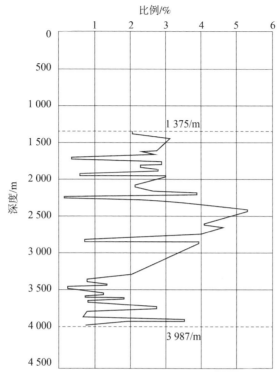

图 3 - 25　GRY1 号钻孔基岩段孔隙度随深度变化特征图

3.8　本章小结

（1）献县地热田位于冀中平原献县县城至武邑县城一带，整个地热田呈北东向展布，处于沧县台拱与冀中台陷的接触部位，主要热储为明化镇孔隙热储、蓟县系雾迷山组裂隙岩溶热储。

（2）根据 2017 年 6 月对献县地热田 23 眼地热井调查结果，其中 21 眼地热井开采层位为蓟县系雾迷山组，水温为 75.50 ~ 98.00 ℃，地热水年开采量为 1.8×10^6 m³，主要利用现状为供暖、洗浴。2 眼地热井开采层位为新近系明化镇组，水温为 54.00 ~ 71.00 ℃，本地热田地理位置优越，资源条件较好，开采潜力巨大。

（3）献县地热系统地热资源丰富，热储盖层由新生界第四系构成，为一套以河湖相为主，兼有海相和湖沼相成因的松散沉积物，是理想的区域热储盖层。主钻孔的周边井成井深度在 1 100～2 500 m 范围内，开发形式以供暖和洗浴为主。

（4）献县地热田的主要热储层为侏罗系雾迷山组的白云岩，还有部分新近系的明化镇组和馆陶组地层，以及少量的古近系东营组地层。

（5）献县地热田的主要可利用热储层为侏罗系雾迷山组的白云岩，还有部分新近系的明化镇组和馆陶组地层，以及少量的古近系东营组地层，其水温在 54～98 ℃，利用形式还是以供暖为主。

（6）雾迷山组上部富水性较强，雾迷山组下部至杨庄组上部沉积 1 500 m 左右的泥质白云岩，富水性较弱，可视为相对隔水层。因此，初步认为雾迷山组顶部含水层与长城系高于庄组含水层水力联系较差。

4

地热流体化学及
同位素特征

深部热储层中地热流体化学特征的研究，对于合理判断地热流体来源和分析不同热储层之间水力联系程度具有重要意义。以沧县台拱带深部热储层为研究对象，首先通过综合利用 Durov 图解法、piper 三线图法、主要离子 Schoeller 图和主要化学指标及特征离子相关关系等方法，对区内浅部地热井水和深部热储的水化学特征进行分析。研究结果为：研究区内地热水 pH 值在 7.2 ~ 8.2，偏碱性；TDS 主要分布范围为 5 ~ 7 g/L，水化学类型以 Cl – Na 型为主，表明长城系和蓟县系主要离子特征差异较小，其他特征离子含量差异较大，但二者与新近系和古近系的差异较为明显。其次根据氘（D）、氚（^{3}H）、氧（^{18}O）等同位素、地热气体测试的结果分析得出：长城系热储层 δD = – 70‰，δ^{18}O = – 7.2‰，氚的含量小于 1.0T. U，氮气含量为 96.10%。由此表明研究区基岩热水水源都来自古降水，地下水在循环过程中与岩石中的 ^{18}O 发生了同位素交换。综合上述研究结果分析可得：长城系地热水长期处于封闭的还原环境中，未参与近代的地球水循环；长城系与上部热储层之间水力联系较差，且高于庄组地热流体循环条件较差。

地热流体水文地球化学、气体地球化学及同位素地球化学指标蕴含着有关深部地质环境丰富的信息，是了解地热流体系统最为经济有效的手段。地热流体化学时空特征分布是长期地质演变下的产物，利用这些特征可以研究不同热储层之间的水力联系程度、分析深部地下水的循环，在此方面，许多国内外专家学者做了大量的研究分析工作，Bowers 等在一系列条件下，研究了矿物、气体和溶解态组分的热力学参数，建立了相应的相图达 600 余种；White 从四个方面论述了经典的水热系统模型。赵慧通过对关中盆地热水水化学特征的研究分析，得出了区内地热水富含 SiO_2 和 F 元素。王东升对羊八井地热水同位素研究认为，地热水并非都来源于大气降水，还有可能源于盆地深部含水层；于津生通过在羊八井温泉处发现的氧漂移现象，认为该区域温泉热水及其地下热水主要来自大气降水。

目前，河北省针对浅部热储（3 km 以浅）开展了大量地质勘查工作，对浅部地质、水文地质条件有了较为深刻的认识，而对深部热储的赋存特征研究不足。究其原因，深部钻探勘查风险大、成本高是深部地热开发的最大障碍，致使深部热储研究程度较低，也是阻碍地热发电产业发展的主要因素。沧县台拱带位于河北省中部平原，属于地热异常区，且物探、钻探、测温等资料都显示研究区内岩溶热储较为发育。为查明研究区内 4 km 以深的深部热储分布情况和开发利用潜力，在沧州市内钻取了华北地区第一口 4 km 以深的地热井，查明了参数孔 4 km 以浅的地层层序，揭穿了蓟县系地层，终孔层位为长城系高于庄组，发现了长城系中温热储层，取得深部温度场一系列物性参数。

基于上述钻孔取得的水化学、同位素和气体组分数据和周边地热井资料，研究区域内地热流体的化学及同位素特征，判断地热流体来源，分析各热储层之间的水力联系，为华北地区深部地热资源的开发利用提供理论依据。

4.1 数据收集及样品采集测试

4.1.1 数据收集

本次收集了 GRY1 号钻孔周边 23 份地热井的勘查报告（见表 4 – 1），并收集了附近一些地热井的资料，提取了共计 41 份地热井地热流体的可靠数据，具体包括：

深部岩溶科学钻探工程（XXZK－1）（河北省煤田地质局第二地质队，2017）、迎春房地产开发有限公司南元迎热1#地热井（华北石油管理局水电厂水文地质勘察工程大队，2001）、献县北环地热井（献县新华温泉地热开发管理有限公司，2014）、信洁地热井（献县信洁地热有限公司，2015）、金发煤炭有限公司2号地热井（河北省献县金发煤炭有限公司，2011）、金发煤炭有限公司1号地热井（河北省献县金发煤炭有限公司，2011）、献县茂源9号地热井、献县茂源15号地热井、献县茂源5号地热井、献县光明小区地热井、献县电热1号地热井（华北石油管理局水电厂水文地质勘察工程大队，2003）、舒美实业有限公司地热井（舒美实业有限公司，2011）、赵庄地热井（河北宪君机电设备有限公司，2015）、周官屯地热井（沧州美特斯实验仪器有限公司，2015）、南元地热1号地热井、祥荣公司地热井、茂源17号地热井、凯荣制笔厂地热井（献县凯荣制笔有限公司，2011）、银都地热井、茂源滨河地热井（献县茂源地热开发有限公司，2014）、信德地热井（献县信德物业有限公司，2015）、银都家园地热井（河北银都房地产开发有限公司，2015）、献县东方屯村东地热井（河北省献县土地开发公司，2015）、献县修造厂地热井、美林御园地热井、西双坦南地热井、西双坦北地热井、王尧京地热井、垒头地热井、十五级地热井、小屯地热井、尹店地热井、刘东城地热井、冉庄河地热井、诺信机械工程材料有限公司地热井（献县诺信机械工程材料有限公司，2012）、北冯庄地热井、回3－5号地热井（回3－1、回3－4）、4－1－5号地热井（4－1－1、4－1－4）、WTNS－1号地热井、编号1830069号地热井和SW－2号地热井。

表4－1　献县地热田资料统计

序号	报告名称	施工单位	提交时间	评审单位	评审文号	利用现状
1	河北省献县金发煤炭有限公司献县1#地热井地热地质勘查报告	河北省献县金发煤炭有限公司	2011年11月	河北省国土资源厅矿产资源储量评审中心	冀国土资储评〔2013〕8号	供暖

续表

序号	报告名称	施工单位	提交时间	评审单位	评审文号	利用现状
2	河北省献县金发煤炭有限公司献县2#地热井地热地质勘查报告	河北省献县金发煤炭有限公司	2011年11月	河北省国土资源厅矿产资源储量评审中心	冀国土资储评〔2013〕9号	供暖
3	献县东方屯村东地热井地热地质勘查报告	河北省献县土地开发公司	2015年3月	河北省国土资源厅矿产资源储量评审中心	冀国土资储评〔2015〕37号	供暖
4	河北省献县周官屯地热井地热地质勘查报告	沧州美特斯实验仪器有限公司	2015年6月	河北省国土资源厅矿产资源储量评审中心	冀国土资储评〔2015〕60号	供暖
5	河北省献县茂源高庄地热井地热地质勘查报告	献县茂源地热开发有限公司	2014年12月	河北省国土资源厅矿产资源储量评审中心	冀国土资储评〔2015〕21号	供暖
6	河北省献县赵庄地热井地热地质勘查报告	河北宪君机电设备有限公司	2015年3月	河北省国土资源厅矿产资源储量评审中心	冀国土资储评〔2015〕83号	供暖
7	河北省献县茂源大张庄地热井地热地质勘查报告	献县茂源地热开发有限公司	2014年2月	河北省国土资源厅矿产资源储量评审中心	冀国土资储评〔2014〕31号	供暖

序号	报告名称	施工单位	提交时间	评审单位	评审文号	利用现状
8	河北献县银都地热井地热地质勘查报告	河北银都房地产开发有限公司	2015年4月	河北省国土资源厅矿产资源储量评审中心	冀国土资储评〔2015〕47号	供暖
9	河北省献县燕京啤酒有限公司地热井地热地质勘查报告	河北燕京啤酒有限公司	2011年11月	河北省国土资源厅矿产资源储量评审中心	冀国土资储评〔2012〕145号	供暖
10	河北省献县北环地热井地热地质勘查报告	献县新华温泉地热开发管理有限公司	2014年12月	河北省国土资源厅矿产资源储量评审中心	冀国土资储评〔2015〕26号	供暖
11	河北省献县信洁地热井地热地质勘查报告	献县信洁地热有限公司	2015年3月	河北省国土资源厅矿产资源储量评审中心	冀国土资储评〔2015〕36号	供暖
12	河北省献县信德地热井地热地质勘查报告	献县信德物业有限公司	2015年1月	河北省国土资源厅矿产资源储量评审中心	冀国土资储评〔2015〕48号	供暖
13	河北省献县工业区地热井地热地质勘查报告	献县茂源地热开发有限公司	2014年2月	河北省国土资源厅矿产资源储量评审中心	冀国土资储评〔2014〕32号	供暖
14	河北省献县献电热1井地热地质勘查报告	华北石油管理局水电厂水文地质勘察工程大队	2003年7月	河北省国土资源厅矿产资源储量评审中心	冀国土资储审〔2004〕13号	供暖

续表

序号	报告名称	施工单位	提交时间	评审单位	评审文号	利用现状
15	河北省献县献电热2井地热地质勘查报告	华北石油管理局水电厂水文地质勘察工程大队	2004年12月	河北省国土资源厅矿产资源储量评审中心	冀国土资储评〔2006〕33号	供暖
16	河北省献县凯荣制笔有限公司地热井地热地质勘查报告	献县凯荣制笔有限公司	2011年12月	河北省国土资源厅矿产资源储量评审中心	冀国土资储评〔2013〕32号	供暖
17	河北省献县茂源滨河地热井地热地质勘查报告	献县茂源地热开发有限公司	2014年2月	河北省国土资源厅矿产资源储量评审中心	冀国土资储评〔2014〕34号	供暖
18	河北省献县舒美实业有限公司地热井地热地质勘查报告	舒美实业（河北）有限公司	2011年12月	河北省国土资源厅矿产资源储量评审中心	冀国土资储评〔2013〕307号	供暖
19	河北省献县城关地热田献热1井勘查报告	地矿部河北地勘局第四水文地质工程地质大队	1997年10月	—	—	供暖
20	河北省献县诺信机械工程材料有限公司地热井地热地质勘查报告	诺信（献县）机械工程材料有限公司	2012年9月	河北省国土资源厅矿产资源储量评审中心	冀国土资储评〔2013〕50号	供暖
21	河北省献县迎春房地产开发公司献迎热1井地热地质勘查报告	华北石油管理局水电厂水文地质勘察工程大队	2001年10月	—	—	供暖

序号	报告名称	施工单位	提交时间	评审单位	评审文号	利用现状
22	深部岩溶地热科学钻探工程（XXZK-1）技术报告	河北省煤田地质局第二地质队	2017 年 5 月	—	—	供暖
23	深部岩溶地热科学钻探工程（XXZK-2）技术报告	河北省地矿局第五地质大队	2017 年 5 月	—	—	供暖

4.1.2 样品采集

此次采样工作的目的是通过研究献县 GRY1 号钻孔及其周边地热井中地热流体的地球化学和同位素地球化学特征，推测深部热储层的温度，探明地热的来源及成因机制，以及相邻热储含水层之间是否存在水力联系等。

本次共采集了 GRY1 号钻孔的水样 3 组，其中 2 组做全分析，1 组做氢氧稳定同位素测试；非冷凝地热气体测试 1 组，测试了 ^{14}C、He、H_2、O_2、N_2、CO_2、H_2S、CH_4 和 C_2H_6。

水样采集是在压裂前抽水试验、压裂后抽水试验分别进行采取。由于水温较高，先在干净容器中凉至常温，用待测水样冲洗 25 L 塑料桶三次后进行采集，瓶盖用蜡密封，放至阴凉处。数量：2 桶（两次抽水各取 1 桶），用于化验水质全分析；压裂试验后抽水试验取 2 瓶（圆口磨砂瓶），用于化验放射性元素氡，采集完毕后 48 小时内送至实验室。

同位素水样采集是用待测水样冲洗容器三次后进行采集，瓶盖用蜡密封，放至阴凉处。数量：压裂试验前抽水试验取 25 L 塑料桶 6 桶，用于化验稳定同位素（^2H、^{18}O）、放射性同位素（^3H、^{14}C）；压裂试验后抽水试验取 5 L 塑料桶 2 桶，用于化验 ^{34}S。

4.1.3 样品测试

本次对全部采样进行了测试工作，对周边地热井收录数据项目包括主要阴阳离子、有害元素及特殊项目分析，如总硬度、非碳酸盐硬度、碳酸盐硬度、总碱度、可溶硅酸 SiO_2、固溶物、侵蚀性 CO_2、游离 CO_2、消耗氧，对 GRY1 号钻孔采集的样品进行全分析，以及微量元素、氢氧同位素、硫同位素、气体组分（氦气、氢气、氧气、氮气、二氧化碳、硫化氢、甲烷、乙烷、丙烷、异丁烷、正丁烷、异戊烷、正戊烷、C_6 及以上烃类）等的测试。

所有测试分别由不同具有测试资质的单位完成样品的测试，完成测试单位、测试仪器和方法叙述如下：

水样采取按照规程规范：《地下水质检验方法水样的采集和保存》（DZ/T 0064.2—1993），在抽水试验结束前，在水泵出水口附近对采样壶进行反复冲洗三次以上，确保分析样品的纯净度，共采集水样样品 2 件，其中全分析水样 1 件，同位素分析水样 1 件。抽水试验结束前，依据《地热资源地质勘查规范》（GB/T 11615—2010）取样要求，分别在压裂试验前及压裂试验后的抽水试验时采取了地下水样品，共两组，采样层位为长城系高于庄组地层。水样分析测试由河北省地矿中心实验室承担，该单位具有地质试验测试甲级资质，测试结果准确可靠，能满足本次工作需求。

水质全分析化验项目为：水质全分析 [测定颜色、浑浊度、嗅和味，电导率，Eh 值、pH 值、溶解氧、肉眼可见物、K^+、Na^+、Ca^{2+}、Mg^{2+}、Cl^-、SO_4^{2-}、HCO_3^-、CO_3^{2-}、NO_3^-、游离子 CO_2、总硬度、总碱度、总酸度、溶解性总固体（TDS）、Fe^{2+}、Fe^{3+}、NH_4^+、Al^{3+}、F^-、NO_2^-、Br^-、I^-、锂、锶、锌、硒、铜、汞、镉、钡、铬（六价）、锑、铅、钴、钒、钼、锰、镍、砷、银、铋、铯、磷酸根、偏硼酸、可溶性 SiO_2、耗氧量、H_2S、U、Ra、Rn、总 α、总 β 放射性]。全分析由河北地矿中心实验室承担。

同位素包括稳定同位素（^2H、^{18}O、^{34}S）和放射性同位素（^3H、^{14}C），同位素由中国地质科学院水文地质环境地质研究所、核工业地质分析测试研究中心承担；测试方法是波长扫描光腔衰荡光谱法，检测仪器为同位素分析仪 L2130i。

气体样按照规程规范：《地下水质检验方法水样的采集和保存》（DZ/T 0064.2—1993），采用排水集气法进行采集，主要测试了氦气、氢气、氧气、氮气、二氧化碳、硫化氢、甲烷、乙烷、丙烷、异丁烷、正丁烷、异戊烷、正戊烷、C_6 及以上烃类的积分面积和摩尔分数（%），气体分析由任丘市杰创石油科技有限公司承担，该单位具备气体样品测试资质，能满足本次工作需求。

上述数据和样品的测试分析统计结果如表4~2~表4~5所示。

表4－2 研究区地热流体常量组分及特征组分数据

野外编号	终孔层位	pH 值	Ca²⁺	Mg²⁺	K⁺Na⁺	HCO₃⁻	SO₄²⁻	CL⁻	F⁻	SiO₂	TDS
			mg/L								
GRY1 孔压裂前	Chg	7.02	208	43.78	2 061	308.1	558.5	3 148	6.3	76.6	6 283
GRY1 孔压裂后	Chg	7.78	234.6	49.24	1 908	349	699.6	3 014	4.8	112	6 218
XXZK－1 孔	Jxw	7.58	265.9	16.92	2 064	379.7	609.6	3 036	5	14	6 242
南元迎热 1 号	Jxw	7.92	122.9	19.78	1 226	219.5	395.6	1 746	4	14	3 618
北环地热井	Jxw	7.26	237.2	27.65	2 082	397.1	558.5	3 071	5	14	6 170
信洁地热井	Jxw	7.2	221.1	32.65	2 018	310	584.5	2 992	5	14	6 016
金发 2 号地热井	Jxw	7.64	229.8	39.33	1 993	365.8	570.1	2 965	5	14	6 086
金发 1 号地热井	Jxw	7.73	231.7	40.52	2018	379.7	562.2	3 009	5	15	6 104
茂源 9 号地热井	—	7.61	253.3	25.03	2 018	362.3	586.5	2 992	4	14	6 076
茂源 15 号地热井		7.3	255.3	33.37	2 030	418	584.5	3 009	5	14	6 096
茂源 5 号地热井		7.69	227.8	32.18	2 146	330.9	590.6	3 182	5	16	6 068
光明小区地热井		7.75	239.6	25.03	2 150	324	606.7	3 178	5	16	6 420
献县电热 1 号	Jxw	7.72	259.2	23.83	2 254	327.5	660.6	3 329	5	16	6 654
舒美实业地热井	Jxw	7.49	294.6	27.41	2 004	428.5	691.5	2 934	4	8	6 092
赵庄地热井	Jxw	7.58	284.8	32.18	2 014	421.5	714.1	2 934	4	12	6 114
周官屯地热井	N₂m下	7.98	134.3	16.45	1 842	205.5	444.1	2 681	3	12	5 284
南元地热 1 号	N₂m下	8.34	13.75	3.575	586.1	421.5	171.2	567	3	14	1 504
祥荣公司地热井	—	7.5	237.6	36.94	2 035	393.6	565.5	3 023	5	14	6 146
茂源 17 号地热井		7.38	253.3	28.6	2 039	390.2	592.3	3 014	5.6	14	6 096
凯荣笔厂地热井	Jxw	7.89	233.7	26.22	2 132	320.5	593.9	3 156	6	14	6 348
银都地热井	Jxw	8.01	239.6	28.6	2 065	320.5	584.1	3 076	6	9	6 140
茂源滨河地热井	Jxw	7.87	237.6	35.75	2 059	397.1	554.8	3 063	5.6	12	6 200
信德地热井	Jxw	7.92	249.4	27.41	2 099	330.9	600.1	3 125	6	16	6 262
银都家园地热井	—	7.87	233.7	17.88	2 075	303.1	564.3	3 076	6	11	6 116
东方屯地热井	Jxw	7.9	237.6	17.88	1 943	310	556.1	2 881	6	10	5 884
修造厂地热井	—	7.79	239.6	26.22	2 096	383.2	568.8	3 094	6	15	6 158

续表

野外编号	终孔层位	pH 值	Ca²⁺	Mg²⁺	K⁺Na⁺	HCO₃⁻	SO₄²⁻	CL⁻	F⁻	SiO₂	TDS
			mg/L								
美林御园地热井	—	7.8	212.1	33.37	2 157	268.2	586.5	3 213	6	16	6 266
西双坦南地热井	—	7.88	220	35.75	1 906	289.1	523.1	2 881	3	16	5 628
西双坦北地热井	—	7.44	227.8	26.22	1 928	233.4	582.4	2 890	3	20	5 728
王尧京地热井	—	7.68	247.5	35.75	1 988	261.3	703	2 938	3	20	5 998
垒头地热井	—	7.56	239.6	26.22	1 793	275.2	511.6	2 730	3	20	5 524
十五级地热井	—	7.93	153.2	9.533	2 041	250.8	469.6	2 956	3	20	5 742
小屯地热井	—	8.04	106.1	5.958	1 359	224.3	281.5	1 963	2.8	18	3 758
尹店地热井	—	7.96	125.7	9.533	1 573	254.3	345.7	2 274	3	18	4 394
刘东城地热井	—	8.17	139.8	11.92	1 714	226.4	296.8	2 575	2.8	20	4 758
冉庄河地热井	—	8.1	161	26.93	1 934	202	560.6	2 814	2.8	18	5 476
诺信地热井	Ed	8.19	27.89	3.098	962.5	459.8	27.17	1 254	2.8	20	2 496
北冯庄地热井	—	7.76	245.5	13.11	2 348	386.7	548.7	3 466	6	22	6 856
回 3 - 5（回3 - 1、回 3 - 4）	—	7.43	779.7	115.6	1 053	236.9	2 214	1 569	2	12	5 808
4 - 1 - 5（4 - 1 - 1、4 - 1 - 4）	—	8.5	764	91.76	1 055	139.3	1 973	1 684	1.6	6	5 462
WTNS - 1	—	7.45	838.6	127.5	924.9	149.8	1 972	1 742	2	14	5 668
1830069	—	7.85	100.6	23.6	2.034	310	57.21	25.7	0	2	376
SW - 2	—	7.91	57.35	12.87	14.45	240.4	19.35	4.43	0	4	212

表 4 - 3　GRY1 孔天然气组成分析（一）

孔号：GRY1		采集方法：排水集气法		
孔深：4 025.82 m		层位：长城系高于庄组		
地区：河北献县		化验单位：任丘市杰创石油科技有限公司		
峰号	碳数	组分名称	积分面积	摩尔分数/%
1	He	氦气	0	0
2	H₂	氢气	0	0
3	O₂	氧气	0	0

峰号	碳数	组分名称	积分面积	摩尔分数/%
4	N_2	氮气	14 194.330 6	96.10
5	CO_2	二氧化碳	70.242 98	0.50
6	H_2S	硫化氢	0	0
7	C_1	甲烷	33.963 25	3.32
8	C_2	乙烷	1.745 39	0.08
9	C_3	丙烷	0	0
10	iC_4	异丁烷	0	0
11	nC_4	正丁烷	0	0
12	iC_5	异戊烷	0	0
13	nC_5	正戊烷	0	0
14	C_6+	C_6 及以上烃类	0	0

表 4-4　GRY1 孔天然气组成分析（二）

孔号：GRY1		采集方法：排水集气法		
孔深：4 025.82 m		层位：长城系高于庄组		
地区：河北献县		化验单位：任丘市杰创石油科技有限公司		
峰号	碳数	组分名称	积分面积	摩尔分数/%
1	He	氦气	0	0
2	H_2	氢气	0	0
3	O_2	氧气	0	0
4	N_2	氮气	14 112.968	95.70
5	CO_2	二氧化碳	129.565 19	0.92
6	H_2S	硫化氢	0	0
7	C_1	甲烷	33.711 38	3.30
8	C_2	乙烷	1.714 55	0.08
9	C_3	丙烷	0	0
10	iC_4	异丁烷	0	0
11	nC_4	正丁烷	0	0
12	iC_5	异戊烷	0	0
13	nC_5	正戊烷	0	0
14	C_6+	C_6 及以上烃类	0	0

表4-5 GRY1孔同位素化验分析检测表

化验单位：自然资源部地下水科学与工程重点实验室

序号	送样编号	温度/℃	湿度/%	检测项目		测试方法	检测仪器
				$\delta D_{v-SMOW}/‰$	$\delta^{18}O_{v-SMOW}/‰$		
1	GRY1-2	25	50	-70	-7.2	波长扫描光腔衰荡光谱法	同位素分析仪 L2130i

4.2 地热水化学特征

GRY1井及其邻区如献县迎热、北环、信洁和金发等地热井，将多个地热井采集地热流体样品进行主要成分特征的对比分析（见图4-1），研究区及其邻区地热流体的 pH 值大多在7.2~8.2，TDS 主要分布范围为4 000~7 000 mg/L，地热流体中的主要阴离子为 Cl⁻ 和 HCO₃⁻，主要阳离子为 Na⁺。献县（南元）地热1号井、诺信地热井、回3-5号地热井（回3-1、回3-4）、4-1-5号地热井（4-1-1、4-1-4）、WTNS-1号地热井、编号1830069号地热井和 SW-2

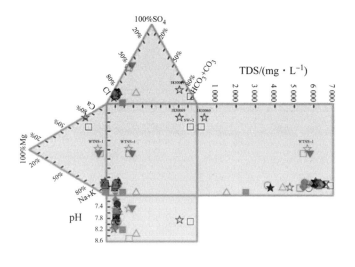

图4-1 研究区地热流体 Durov 图（见彩插）

号地热井与献县其他地热显示区地下水化学特征存在较大的差异，地热田的水文系统受到局部断裂系统的控制，其中诺信地热井的热储层为新近系馆陶组（N_1g）和古近系东营组（E_3d），献县地热1号井的热储层为新近系的明化镇组（N_2m）。

4.2.1 水化学类型分析

压裂前抽水试验水质化验结果如表4−6所示，其 pH = 7.02。

表4−6 GRY1号孔水质检测结果简表

	离子	$\rho(B)$ / $(mg \cdot L^{-1})$	$c(^{1/z}B^{z\pm})$ / $(mmol \cdot L^{-1})$	$x(^{1/z}B^{z\pm})$ / %	项目	$\rho(B)$ / $(mg \cdot L^{-1})$
阳离子	K +	109.91	2.811	2.75	溶解性总固体	6 283.04
	Na⁺	1 950.40	84.842	83.11	可溶性 SiO_2	76.52
	Ca²⁺	207.88	10.373	10.16	高锰酸钾指数	11.45
	Mg²⁺	43.75	3.600	3.53	矿化度	6 437.06
	Fe²⁺	0.16	0.006	0.01	游离 CO_2	17.60
	Fe³⁺	4.18	0.224	0.22	侵蚀性 CO_2	0.00
	NH₄⁺	4.02	0.223	0.22	—	$\rho(CaCO_3)$ / $(mg \cdot L^{-1})$
	总计	2 320.31	102.080	100	总硬度	699.20
阴离子	Cl⁻	3 148.23	88.811	83.67	永久硬度	446.56
	SO₄²⁻	561.70	11.695	11.02	暂时硬度	252.65
	HCO₃⁻	308.05	5.049	4.76	负硬度	0.00
	CO₃²⁻	0.00	0.000	0.00	总酸度	20.01
	NO₃⁻	15.86	0.256	0.24	总碱度	252.65
	NO₂⁻	0.09	0.002	0.00	—	—
	F⁻	6.31	0.332	0.31	—	—
	H₂PO₄⁻	0.00	0.000	0.00	—	—
	总计	4 040.23	106.145	100	—	—

1）河北平原区地下热水化学特征

河北平原地下热水化学特征明显受补给、径流、排泄条件及地质构造的控制，从山前平原至中部平原、滨海平原，由新近系热储到深部基岩热储，水化学类型由 $HCO_3 - Na$ 型、$HCO_3 \cdot Cl - Na$ 型，逐渐过渡为 $Cl \cdot HCO_3 - Na$ 型，最终到半封闭或封闭状态下变为 $Cl - Na$ 型。

2）GRY1 号钻孔水化学特征

根据本次水样检测结果及天然水矿化度分类表，GRY1 号孔长城系高于庄组下热水矿化度含量为 6 437.06 mg/L，属咸水，矿化度分类标准如表 4 – 7 所示。地热水中所含阳离子主要为 Na^+，其含量为 1 950.40 mg/L，占阳离子总量的毫克当量百分数为 84.84%；阴离子主要为 Cl^-，其含量为 3 148.23 mg/L，占阴离子总量的毫克当量百分数达 88.81%。根据化学类型定名原则，GRY1 号孔井下热水中属于 $Cl - Na$ 型地下水。

表 4 – 7　地下水矿化度分类标准

序号	分类	矿化度/$(mg \cdot L^{-1})$
1	淡水	0 ~ 1 000
2	微咸水	1 000 ~ 3 000
3	咸水	3 000 ~ 10 000
4	盐水	10 000 ~ 50 000
5	卤水	> 50 000

检测水样中 Ca^{2+} 含量为 207.88 mg/L，毫克当量百分数为 10.37%；Mg^{2+} 含量为 43.75 mg/L，毫克当量百分数为 3.60%。$Ca^{2+} + Mg^{2+}$ 毫克当量百分数为 13.97%。按地下水硬度分类为极硬水，地下水硬度分级如表 4 – 8 所示。

表 4 – 8　地下水硬度分级

序号	地下水的类型	$Ca^{2+} + Mg^{2+}$/(毫克当量)%
1	极软水	< 1.5
2	软水	1.5 ~ 3.0
3	微硬水	3.0 ~ 6.0
4	硬水	6.0 ~ 9.0
5	极硬水	> 9.0

（注：离子的毫克当量 = 离子毫克数/离子的当量）。

3）水质动态分析

根据收集到的23本周边地热井勘查报告中水质检测结果，并结合 XXZK – 1、XXZK – 2 井水质化验结果及本井的水样检测结果，综合分析对比发现献县地区蓟县系热储层及长城系热储层地热水的主要离子成分变化不大，水质类型一致，均属于 Cl – Na 型地下水，水质基本保持稳定状态；主要离子含量及矿化度与埋藏深度呈正比关系，随着埋藏深度的增加，地热流体矿化度增加。这说明地下热水经过漫长的地质时代在半封闭的水文地质环境中，水交替滞缓，其化学组分处于平衡状态，在不发生垂向水力联系时，水质不会发生显著变化，而 GRY1 号孔井下长城系高于庄组热储层内地热水处于半封闭—封闭状态，热储层内补、径、排条件较差，深层地下水径流缓慢，造成溶解矿质成分不断累积，所以矿化度较上部基岩热储高。

4.2.2　主要离子特征分析

通过观察和分析图 4 – 2 研究区阴阳离子 piper 三线图，可以发现，研究区地热水中 Na^+、Cl^-、HCO_3^- 含量高，Ca^{2+}、Mg^{2+}、SO_4^{2-} 普遍含量较低，而 CO_3^{2-} 几乎不存在，只有一组数据中统计到了 CO_3^{2-} 的存在；回 3 – 5 号地热井（回 3 – 1、回 3 – 4）、4 – 1 – 5 号地热井（4 – 1 – 1、4 – 1 – 4）、WTNS – 1 号地热井、编号 1830069 号地热井和 SW – 2 号地热井与其他组数据差异较大，而献县（南元）地热 1 号井和诺信地热井也与其他数据有一定的差异性，其中回 3 – 5 号地热井（回 3 – 1、回 3 – 4）、4 – 1 – 5 号地热井（4 – 1 – 1、4 – 1 – 4）和 WTNS – 1 号地热井中 Ca^{2+} 和 SO_4^{2-} 占比含量较高，这与其他 40 组数据不同。

1）Cl^- 与 TDS 相关关系

蓟县系雾迷山组热储层的 TDS 值为 3.62 ~ 6.65 g/L，新近系明化镇组热储层的 TDS 值为 1.5 ~ 5.3 g/L。如图 4 – 3 所示，研究区不同热储层地下水随着 Cl^- 浓度的升高，TDS 也升高，二者存在明显的线性关系，部分新近系明化镇组与蓟县系雾迷山组的地热水 TDS 值接近，说明这些新近系明化镇组的地热水和高 TDS 值的地热水混合作用明显。

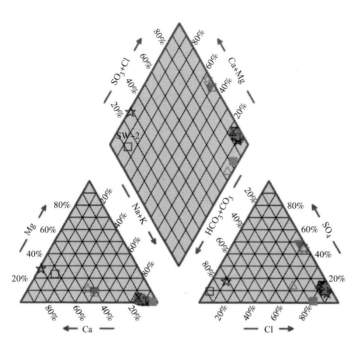

图 4 - 2　研究区地热水 piper 图（见彩插）

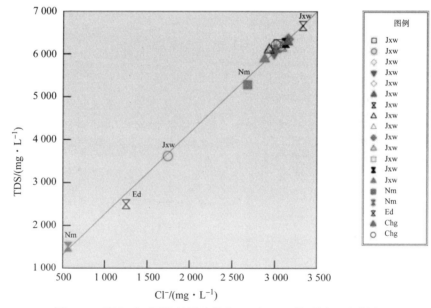

图 4 - 3　研究区不同热储层地热水 Cl⁻ 与 TDS 关系图（见彩插）

2）SiO$_2$ 含量随 Cl$^-$、TDS 和温度的变化特征

SiO$_2$ 在地层中大量存在，研究区各热储层地热水中 SiO$_2$ 含量在 8 ~ 112 mg/L；SiO$_2$ 属于难溶物质，不与除氟、氟化氢和氢氟酸以外的卤素、卤化氢和氢卤素及硫酸、硝酸、高氯酸作用，可与热的强碱溶液或溶化的碱反应生成硅酸盐和水。各热储层地热水基本为弱碱性，新近系明化镇组和古近系东营组较蓟县系雾迷山组碱性更强，长城系高于庄组压裂前水样呈中性，压裂后的水样碱性明显增强。导致该结果的原因主要有以下两方面：一方面可能是在压裂过程中，大量的地表冷水混入，造成其混合后的地下水中碱性离子相对较高，导致压裂后水样的碱性有所增强；另一方面可能是由于长时间、高强度的压裂工作致使高于庄组含水层内部部分孔隙和裂隙导通，水力联系增强，部分碱性离子相对较高的地热流体进入采样区域，致使此处原有地热水碱性离子浓度升高，也就形成了GRY1 号钻孔在压裂后其 pH 高于压裂前 pH 的情况。

结合图 4 - 4 和图 4 - 5 可以发现，研究区不同热储层地热水中 Cl$^-$ 与 SiO$_2$、TDS 与 SiO$_2$ 在一定意义上均呈现负相关关系，随着 Cl$^-$ 含量和 TDS 的升高，SiO$_2$ 含量逐渐减小，两图中长城系高于庄组水样与其他热储层水样差异较大，其水样

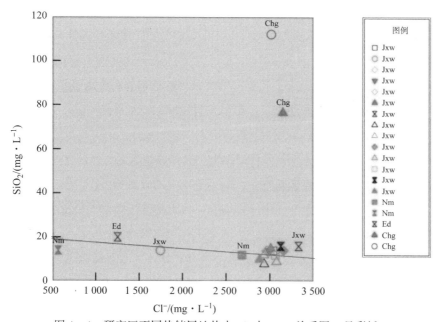

图 4 - 4　研究区不同热储层地热水 Cl$^-$ 与 SiO$_2$ 关系图（见彩插）

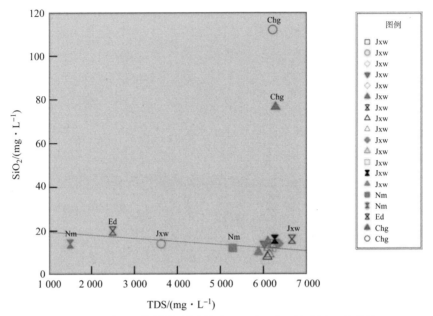

图 4 - 5　研究区不同热储层地热水 TDS 与 SiO₂ 关系图（见彩插）

的 Cl⁻ 与 SiO₂、TDS 与 SiO₂ 均无明显相关关系。如图 4 - 6 所示，高于庄组地热水温度和 SiO₂ 含量均达到了最大值，随着温度的升高，SiO₂ 含量呈现逐渐增大的趋势，所以 SiO₂ 含量常用作地热温标指示地热水的温度。从各热储层 SiO₂ 含量分析发现，长城系以上热储层 SiO₂ 含量较低，基本低于 20 mg/L，长城系 SiO₂ 含量较高，为 76.6 ~ 112 mg/L，较上部蓟县系、古近系和新近系差异明显，说明相邻含水层地热水混合的可能性较小，初步表明长城系与上部热储层水力联系较弱。

3）F 元素随 Cl⁻ 含量的变化特征

研究区各热储层地热水中 Cl⁻ 含量丰富，其中新近系 Cl⁻ 含量为 0.6 ~ 2.7 g/L，古近系为 1.3 g/L 左右，蓟县系为 1.7 ~ 3.3 g/L，长城系为 3.0 ~ 3.1 g/L；氯盐的溶解度大，且几乎不与含水介质发生反应，所以在地下水中可大量聚集。

地下热水在运移过程中不断带走通道内围岩组分的 Na、Ca、K、Mg、SiO₂等，地下水中大量的 F 元素很难从岩石的溶滤作用中得到。一般观点认为 F 等元素可以指示地下流体的来源，由于 F 和 Cl 在一定意义上存在正相关关系（见图 4 - 7），且当 TDS 值增加时，这种关系越发明显，因此该观点可以佐证该区域地热流体存在深部流体的渗入。

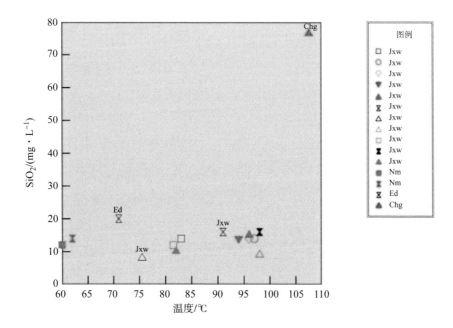

图 4 - 6 研究区不同热储层地热水温度与 SiO_2 关系图（见彩插）

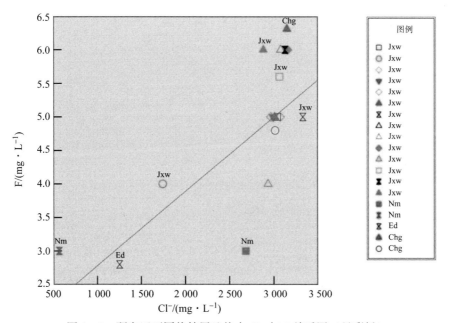

图 4 - 7 研究区不同热储层地热水 Cl^- 与 F 关系图（见彩插）

4）HCO$_3^-$、SO$_4^{2-}$含量揭示的地热水赋存环境

从研究区不同热储层地热水 Cl$^-$ 与 SO$_4^{2-}$ 关系图（见图 4 – 8）可以看出，从新近系地热水到长城系地热水，研究区各热储层中随着 Cl$^-$ 含量的升高，SO$_4^{2-}$含量也升高，但从图中反映的相邻含水层之间混合作用不明显。明化镇组 SO$_4^{2-}$含量为 171.2 ~ 444.1 mg/L，东营组为 27.2 mg/L，雾迷山组为 395.6 ~ 714.1 mg/L，高于庄组为 558.5 ~ 699.6 mg/L。结合图 4 – 8 和图 4 – 9 发现，明化镇组和东营组部分点出现不同程度的偏离，可能是由相应热储层内局部水力联系较大或石膏溶解造成的。

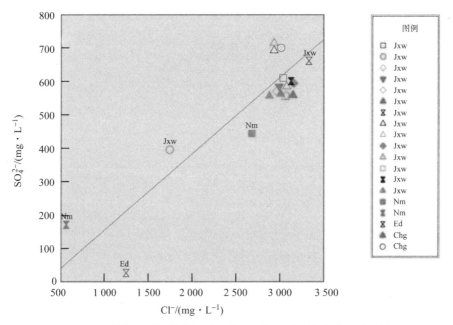

图 4 – 8　研究区不同热储层地热水 Cl$^-$ 与 SO$_4^{2-}$ 关系图（见彩插）

如图 4 – 9 所示，研究区热储层中的地热水，在 HCO$_3^-$ 含量升高的同时，SO$_4^{2-}$ 含量呈逐步降低趋势。以上现象揭示了研究区地热田长城系高于庄组、部分蓟县系雾迷山组和部分古近系新近系地热水处在相对还原的环境中，脱硫酸细菌可使 SO$_4^{2-}$ 还原为 H$_2$S，使地热水中的 SO$_4^{2-}$ 不断减少，结果导致地热水中的 HCO$_3^-$ 浓度增加，发生了明显的脱硫酸作用（SO$_4^{2-}$ + 2C + 2H$_2$O → H$_2$S ↑ + 2HCO$_3^-$）。这一结果再次证明了研究区长城系热储层与其上部热储层水力联系较

差，且高于庄组热储层自身的补径排能力较差。

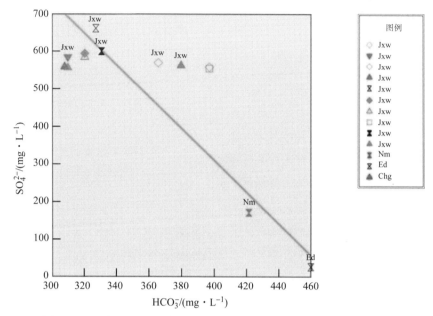

图 4 - 9　研究区不同热储层地热水 HCO_3^- 与 SO_4^{2-} 关系图（见彩插）

　　菱形内的点通常可以说明地下水总的化学性质，并用阴阳离子对表示地下水的相对成分，故 piper 三线图表示地下水的性质，用的是化学成分的相对浓度而不是绝对浓度。地下水中化学组分的来源可分为两大类：岩石的溶滤作用和深部来源，在热储层的各种物化条件下，地下热水不断与围岩，或在流动过程中与通道围岩发生水岩作用，地下热水在运移过程中不断带走通道内围岩组分的 Na、Ca、K、Mg、SiO_2 等，地下水中大量的 F 元素很难从岩石的溶滤作用中得到。由于 F 和 Cl 在一定意义上存在正相关关系，且当 TDS 值增加时，这种关系越发明显，一般观点认为 F 等元素可以指示地下流体的来源，因此该观点可以佐证该区域地热流体存在深部流体的渗入。

　　从研究区不同热储层地热水 piper 图（见图 4 - 10）中可以看出，长城系高于庄组（Chg）和蓟县系雾迷山组（Jxw）主要离子特征差异较小，而二者与新近系明化镇组（Nm）、古近系东营组（Ed）的主要离子特征差异较为明显。地下热水中 HCO_3^- 的主要来源不仅有地下深部释放的 CO_2，还有部分是地下热水在溶滤碳酸盐质的围岩时获得的。地下热水中的 SO_4^{2-} 除了部分来源于地下热水在溶滤硫酸盐质的围岩时获得外，还有深部地下流体携带的硫化氢气体，当地热流体运移至地表浅部与富氧的地下水反应会生成大量的硫酸根离子。

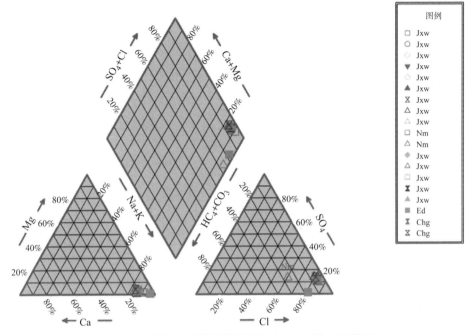

图 4 – 10　研究区不同热储层地热水 piper 图（见彩插）

Schoeller 图是一种常用的水化学特征图示方法，它借助一张简单的图即可清晰地剖析出众多样品中主要离子（Na^+、K^+、Ca^{2+}、Mg^{2+}、Cl^-、SO_4^{2-}、HCO_3^-）的浓度变化。如图 4 – 11 所示，如果两个水样中浓度不同，则在图上呈现出其中一个样品位于另一样品的上方，并可用来展示不同取样点之间的地下水化学组分的相对运动方向，即在随着地下水流动的过程中，水化学组分浓度由相对低点向相对高点运移。此次采集到的 43 组样品数据，其变化趋势存在较大差异，这说明各含水层之间相互补给连通的能力较弱。

通过 Schoeller 图可以分析水样中主要离子的浓度变化和水化学变化趋势，图中每条折线都代表一组样品，同一种类型样品的折线几乎趋于平行。从图 4 – 12 研究区不同热储层主要离子 Schoeller 图中可以分析得到结论：长城系高于庄组（Chg）和蓟县系雾迷山组（Jxw）热储层中的地下水属于同一类型地下水质，而二者与新近系明化镇组（Nm）、古近系东营组（Ed）热储层具有较大差异，古

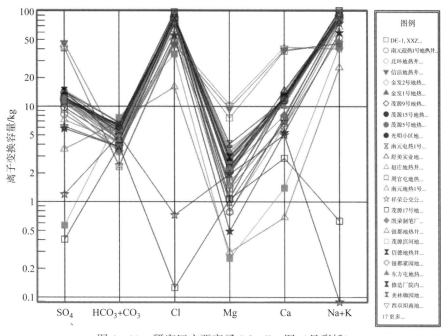

图 4-11 研究区主要离子 Schoeller 图（见彩插）

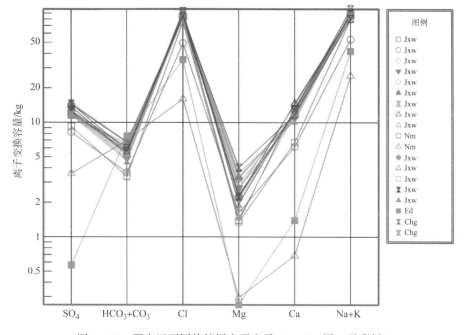

图 4-12 研究区不同热储层主要离子 Schoeller 图（见彩插）

近系东营组（Ed）和新近系明化镇组（Nm）热储层中地热流体的镁离子含量极低，其 Ca^{2+}、Mg^{2+} 的含量与长城系高于庄组（Chg）和蓟县系雾迷山组（Jxw）热储层存在明显差异，古近系东营组（Ed）热储层地热流体中的 SO_4^{2-} 较其他热储层含量低。

4.3 地下水循环特征分析

4.3.1 地下水来源分析

氘（D）、氚（^3H）、氧（^{18}O）等同位素的测试结果分析如下：

1）氘（D）、氧（^{18}O）同位素

稳定同位素氘（D）与氧（^{18}O）在地下水的循环历程中，由于同位素的分馏作用，轻重同位素发生分异，利用地下水重同位素含量的比值与标准平均海水（SMOW）的比值相比较，分别求出 D 与 ^{18}O 的千分偏差值 δD 和 $\delta^{18}O$，根据其分布情况，研究 GRY1 号井地下水的起源与演化，并根据检验结果绘制 GRY1 号井地热水 δD 与 $\delta^{18}O$ 关系图。

根据克雷格雨水线（GMWL of Craig）$\delta D = 8\delta^{18}O + 10$，绘制 $\delta D - \delta^{18}O$ 相关图，如图 4 – 13 所示。

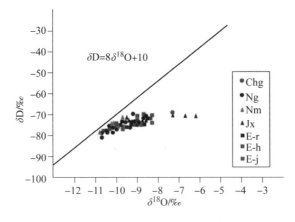

图 4 – 13 河北省平原区热水 $\delta D - \delta^{18}O$ 相关图

在 $\delta D - \delta^{18}O$ 相关图上，河北省平原区基岩热水、古近系基岩互层热水点的点群均落在降水线下方，分布较集中，说明其水源都来自古降水，已经历了相当长距离的运移，混合均匀，基岩热水的 δD 变化范围在 $-77‰ \sim -70‰$，$\delta^{18}O$ 的变化范围在 $-10.3‰ \sim -6.2‰$。

GRY1 号井 δD、$\delta^{18}O$ 检测结果为 $\delta Dv - SMOW(‰) = -70‰$；$\delta^{18}Ov - SMOW$ $(‰) = -7.2‰$，投点远离降水线而产生水平氧漂移，测试结果符合河北省平原区基岩热水 $\delta D - \delta^{18}O$ 分布关系，这种氧漂移现象是因为岩石中的 ^{18}O 大大超过降水中的 ^{18}O，说明地下水在循环过程中与岩石中的 ^{18}O 发生同位素交换。

2）氚（^3H）

氚的量度单位采用 T. U 表示，一个 T. U 相当于 1 018 个氢原子中含有一个氚原子。相关资料表明，大气层中的氚保持在 $50 \sim 200$ T. U 的水平，随着地球上的水循环，大气中的水分子一部分流入湖泊、海洋，一部分深入地下含水层。因此，氚的浓度可以说明地下水的补给来源。

本项目中氚的含量小于 1.0 T. U，这表明所采水样并未参与近代的地球水循环，含水层中的地下水经过长时间的衰变，导致氚含量极低。

4.3.2　地热流体碳硫同位素特征与意义

^{14}C、^{34}S 等同位素的测试结果分析如下：

1）碳（^{14}C）同位素

放射性碳同位素可以有效地测定地下水年龄，研究地下水动态。

水体中 ^{14}C 根据来源可分为两种：一是天然源，即在平流层和对流层之间的过渡地带由二次宇宙射线的慢中子轰击氮原子而生成；二为人工源，即由人类进行核反应（包括空中核爆炸、核反应及加速器）而产生。生成的 ^{14}C 在大气层中又迅速与氧结合形成 $^{14}CO_2$ 并与不活泼的 $^{14}CO_2$ 相混合遍布于大气圈中，如图 4 - 14 所示。本次测试样品为中元古界—古元古界地下深层水样，水体中 ^{14}C 同位素的主要来源为古大气中的 ^{14}C，即天然源 ^{14}C。

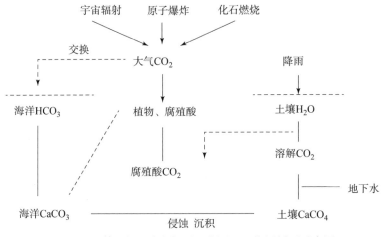

图 4 - 14 ¹⁴C 在地球大气圈、水圈、生物圈循环示意图

¹⁴C 含量通常用样品的放射比度表示，即每克碳的放射性活度（Bq/gC）。实际中常使用相对浓度单位 A 表示，即现代碳百分含量% mod。GRY1 号孔水样¹⁴C 同位素分析显示，样品中现代碳百分数分析结果为 12.06 ± 1.31（% mod）；样品中表观年龄分析结果为 17.84 ± 0.90 千年。（注：表观年龄计算时使用半衰期为 5 730年，所报结果均采用扩展不确定度，置信概率约为 95%。）根据测试结果可知，GRY1 号孔地热水水体年龄已超过¹⁴C 测试年龄上限 [（5 ~ 6）×10⁴ 年]，且 GRY1 号孔下部中元古界—古元古界地下深层水体与地表水系水力联系较差，水体补径排能力差。

2）硫（³⁴S）同位素

利用地下水体中 $\delta^{34}S$ 的含量可以判别地下水中硫酸盐的来源及水质演化特征，河北省平原区地下水中硫酸盐硫同位素分布特点为：地下水补给区 $\delta^{34}S$ 沿地下水径流方向，自西向东 $\delta^{34}S$ 含量逐步增大，且随地下水埋藏深度的增加而增加。GRY1 号孔 $\delta^{34}S$ 化验值为 38.1‰，采样层位为长城系高于庄组含水层，与华北平原区地下水 $\delta^{34}S$ - 13‰ ~ 41‰的范围值相比数值较大，说明长城系高于庄组地下水体补给、径流、排泄能力差，长期处于封闭的还原环境中，微生物硫酸盐还原作用导致 $\delta^{34}S$ 含量偏高。

4.3.3 地热流体放射性特征

总 α、总 β、U、Ra、Rn 等放射性测试结果分析如表 4 - 9 所示。

表 4-9 高于庄组地热流体放射性检验结果

项目	总 α/(Bq·L⁻¹)	总 β/(Bq·L⁻¹)	U/(g·L⁻¹)	Ra/(Bq·L⁻¹)	Rn/(Bq·L⁻¹)
检测结果	1.96	3.57	<2.0×10⁻⁷	0.09	0.399

1）U

结果显示，地热流体中总 U 的含量在 0.20 μg/L 以下，属于正常本底水平，小于全国平均值 3.82 μg/L。地热流体样本中 U 的含量相对较低，这是因为地热流体埋藏较深，pH 值为 7.02。U 一般以四价阳离子形式存在，四价铀离子与 OH^- 易生成沉淀，水溶性低，因此含量较低。

2）总 α、总 β

地热流体中总 α、总 β 的放射性比活度均远超《生活饮用水卫生标准》（GB 5750—2006）中，总 α 放射性不大于 0.1 Bq/L，总 β 放射性不大于 1 Bq/L 的标准。分析认为，在地下水与岩体的接触过程中，放射性核素能以反应、溶解、解吸、核反冲作用等不同的途径、方式完成从固相到液相的迁移过程，进入地热流体中，导致地热流体中总 α、总 β 的升高。

3）Ra

地热流体中²²⁶Ra 的比活度浓度值为 0.09 Bq/L，即 900 mBq/L，属于正常本底水平，比全国平均值 204.22 mBq/L 高。由已有调查结果［全国水体中天然放射性核素浓度调查（1983—1990 年)］可知，不同区域地下水中²²⁶Ra 的相差很大，最大相差可达 20 万倍，这可能是由所在的地质构造引起的。依据王啸、高亮等对天津市地热流体成果分析，蓟县雾迷山组及以下地层中地热流体均属基岩岩溶裂隙型地热流体，基岩岩溶裂隙型的地热流体中²²⁶Ra 的活度浓度水平较浅层孔隙型地热流体偏高。（参考《天津市地下水和地热流体中天然放射性核素调查与评价》）

总的来看，高于庄组地下热水放射性污染主要属于天然放射性污染，其总 α、总 β 放射性均超出饮用水卫生标准数十倍，这可能与当地地质组成中原生放射性核素²²⁶Ra 的含量较高有关，其衰变导致地下水的中放射性污染。

由于本项目中地热流体资源预应用于供电及居民采暖，部分尾水经处理后用于温泉洗浴、生活热水、水产养殖等领域，不会被人直接食入，因此放射性核素 U、^{226}Ra 不会对人体造成直接的内照射，对人体影响较小。

4）Rn

氡（^{222}Rn）是一种稀有气体，是天然 ^{238}U 系中 ^{226}Ra 的衰变产物，半衰期为 3.825 天，密度为 0.009 6 g/cm^3。在水中有一定的溶解度，其溶解系数与水的温度关系密切，随温度升高而减小。强烈地震前，地应力活动加强，氡气不仅运移增强，含量也会发生异常变化，如果地下含水层在地应力作用下发生形变，就会加速地下水的运动，增强氡气的扩散作用，引起氡气含量的增加，所以测定地下水中氡气的含量增加可以作为一种地震前兆。

本项目中 ^{222}Rn 的放射性比活度为 0.399 Bq/L，远小于与之邻近的天津地区、沧县台拱带雾迷山组地热流体中的氡含量（3.783 Bq/L）数据，这可能是因为研究区温度高导致氡在水中的溶解量减小。

4.4　地热气体特征

4.4.1　地热气体组分特征

根据 GRY1 号孔气体样检测结果显示，压裂前抽水试验中通过排水集气法收集到的气体样品主要成分如下：氮气含量为 96.10%，甲烷含量为 3.32%，二氧化碳含量为 0.50%，乙烷含量为 0.08%。本次采样的方法是排水集气法，研究区的地热气体组分以 N_2 和 CH_4 为主，二者占到了压裂前抽水试验中通过排水集气法收集到的气体样品总量的 99% 以上。

4.4.2　地热气体来源分析

GRY1 气体组分分析如表 4 – 10 所示。

表 4 – 10 GRY1 气体组分分析

序号	组分名称	积分面积	摩尔分数/%
1	He	0	0
2	H_2	0	0
3	O_2	0	0
4	N_2	14 194.330 6	96.10
5	CO_2	70.242 98	0.50
6	H_2S	0	0
7	CH_4	33.963 25	3.32
8	C_2H_6	1.745 39	0.08

　　气体样品中主要成分还是氮气，并含有少量的二氧化碳与甲烷、乙烷，证明了 GRY1 号孔深部地热流体中的气体主要来源为古大气，在形成初期气体组分中含有氧气与氮气，氧气的化学性质远比氮气活泼，在封闭的还原环境中，氧气耗尽而只留下了氮气。因此，GRY1 号孔气体组分中氮气的单独存在证明了 GRY1 号孔地热流体起源于古大气降水并处于封闭的还原环境，这与水样同位素 δD、$\delta^{18}O$ 的检测结果相吻合 $[\delta D_{v-SMOW}(‰) = -70‰; \delta^{18}O_{v-SMOW}(‰) = -7.2‰]$。

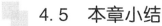

4.5　本章小结

　　（1）通过对研究区 GRY1 号钻孔长城系高于庄组（Chg）样品数据的测取，对比收录的其他报告数据分析发现：研究区域内，河北平原地下热水化学特征明显受补给、径流、排泄条件及地质构造的控制，由新近系热储到深部基岩热储，水化学类型由 HCO_3 – Na 型逐渐过渡为 $Cl \cdot HCO_3$ – Na 型，最终变为 Cl – Na 型；而 GRY1 号孔井下热水属于 Cl – Na 型的极硬水。

　　（2）通过作研究区地热水 piper 图、研究区地热水中主要化学指标与 Cl 含量关系图、研究区不同热储层地热水 piper 图、研究区主要离子 Schoeller 图和研究区不同热储层主要离子 Schoeller 图分析可得结论：研究区地热水中 Na^+、Cl^-、

HCO_3^- 含量高，Ca^{2+}、Mg^{2+}、SO_4^{2-} 普遍含量较低，而 CO_3^{2-} 几乎不存在，只有一组数据中统计到了 CO_3^{2-} 的存在。

（3）河北省平原区基岩热水和古近系基岩互层热水的水源都来自古降水；其产生的水平氧漂移，是地下水在循环过程中与岩石中的 ^{18}O 发生同位素交换的结果；GRY1 号孔下部中元古界—古元古界地下深层水体与地表水系水力联系较差，水体补径排能力差。

（4）研究区的地热气体组分以 N_2 和 CH_4 为主，GRY1 号孔深部地热流体中的气体主要来源为古大气，在形成初期气体组分中含有氧气与氮气，其地热流体起源于古大气降水并处于封闭的还原环境。

5

地热系统热储温度研究

　　深部地层地温梯度的研究，对于有效评价更深部包括干热岩在内的潜在地热资源具有重要意义，以沧县台拱带深部热储层为例，利用地温场热传导空间模型、基于 GRY1 号钻孔孔底温度估算和由居里面向浅部反算验证的研究方法来估算研究区深部温度，结合钻孔测温工作的结果和地温场特征，预测了区内干热岩的深度应该在 5 400 m 左右，并发现不同地质年代的不同岩性段地温梯度存在明显的差异，进一步表明在不同地质构造和不同深度段内，地层的地温梯度及其变化速率都是不同的。

　　更深部潜在热储资源的研究对其合理评价和寻找大规模替代能源具有战略意义。利用地温梯度法估算深部地层温度也是最常用的地层温度研究方法，而地温梯度和地温场特征是受岩石圈构造演化等地球动力学过程控制的，在此方面，许多国内外专家学者做了大量的研究分析工作，应用地温梯度结合具体的实地钻孔测温，研究分析更深部地热资源的分布情况和热储的赋存状态。

　　以往的测温工作主要集中在地层浅部，测温深度一般在 3 km 以内，而本次的最大测温深度达到 4 004.93 m，是位于深部的岩溶含水层。通过深部钻探取得的井温数据，结合新生界地温场特征和基岩段地温场特征，并基于 GRY1 号钻孔的孔底测温结果，应用地温梯度法对更深部地层的温度进行合理估算，将估算的结果结合钻孔实际揭露的地层岩性分析发现，GRY1 号钻孔 150 ℃ 的埋藏深度为 5 400 m，岩性为石英砂岩，符合干热岩资源赋存的地质条件。沧县台拱带位于河北省中部平原，属于地热异常区，且物探、钻探、测温等资料都显示研究区内岩溶热储较为发育。本书将主要利用地温梯度法研究分析沧县台拱带更深部地层在不同深度区段的地温梯度变化情况，重点分析其存在差异的原因，并进一步科学合理地预测更深部包括干热岩在内的潜在地热资源，为下一步其地热资源的研究和开发利用提供一定的数据支撑和理论依据，也对华北地区更深部地热资源的评价具有一定的参考意义。

热储温度的确定对于有效利用地热资源具有重要意义，以沧县台拱带深部地热系统为例，利用阳离子比值温度计和 SiO_2 地温计研究方法来估算深部热储层温度，其中 K – Mg 地热温标计算的结果为 108.34 ℃，SiO_2 地温计计算的平均值为 106.62 ℃，而沧县台拱带 GRY1 号钻孔水样温度实测值为 107.56 ℃，运用地热温标计算的结果与钻孔水样温度实测值相吻合，表明 K – Mg 地热温标、石英温标和玉髓温标适合本研究区深部热储温度的估算，可在区内推广使用。

地热是一种绿色可持续能源，研究其热储层温度对地热合理开发利用有着非常现实的意义。利用地热温标估算热储层温度也是最常用的地下热储温度研究方法，在此方面，许多国内外专家学者做了大量的研究分析工作，应用地热温标结合具体的实地取样数据，分析验证不同地热温标在实际应用中的具体情况。

以往的热储温度研究主要集中在地层浅部，一般在 500～2 500 m，最深达到 3 km 左右，而本次研究的对象为 4 km 以深的岩溶含水层，通过深部钻探取得水样数据，将应用温标公式估算的结果与钻孔热储层温度实测值进行对比分析验证，并找出适合本区内热储评价的温标方法，加以推广使用。沧县台拱带位于河北省中部平原，属于地热异常区，区内岩溶热储较为发育；物探、钻探资料显示，研究区不同深度区段地温梯度不同，差异较大。本书将利用地热温标估算沧县台拱带深部热储温度，应用 PHREEQCI 程序以及 Na – K – Mg 平衡图来研究矿物—流体的平衡状态，为区内地热温标的选取以及在实际工程中的应用提供实例参考，为进一步预测更深部热储（包括干热岩）提供依据，也为其地热资源的研究和商业开发利用提供一定的数据支撑和理论依据。

5.1　地温梯度法估算深部储层温度

本区在研究与潜力评估阶段，建立了地温场热传导空间模型（《我国陆区干热岩资源潜力估算》）公式：

$$T(z) = T_0 + qZ/k - \frac{\mu Z^2}{2k}$$（5.1）

式中：$T(z)$——深度 z 处的温度，单位为℃；

$\quad\quad T_0$——$z-1$ 处深度的温度，单位为℃；

$\quad\quad q$——热流值，单位为 mW/m^2；

$\quad\quad \mu$——生热率；

$\quad\quad k$——岩石热导率；

$\quad\quad Z$——深度，单位为 km。

估算的 GRY1 孔 4 000 m 岩石温度大于 150 ℃；GRY1 孔 4 003.98 m 深度实测温度为 106.64 ℃，比利用模型计算的温度低近 43 ℃，计算岩层温度和实测岩石温度误差为 28.7%，误差较大。

地温场热传导空间模型，它是针对不含水的放射性花岗岩体建立的，而本区新生界盖层厚度大，基岩为巨厚碳酸盐岩含水地层，因此通过打钻验证在研究与潜力评估阶段建立的地温场热传导空间模型，不适合本区。因此本次推测深部岩石温度采用地温梯度法。

本次利用两种方法进行估算：一种是按照孔底地温梯度进行估算，另一种是按居里面温度向浅部进行推算。

5.1.1　根据 GRY1 号钻孔孔底温度估算

由于 GRY1 号钻孔终孔深度为 4 025.82 m，终孔层位为长城系高于庄组，孔底温度为 107.56 ℃。按测温曲线趋势将基岩段分为四段，如图 5-1 所示。根据钻孔揭露及测温成果：①段 1 597.72~2 161.96 m，为雾迷山组上部，地温梯度为 0.30 ℃/100 m；②段 2 161.96~3 649.78 m，为雾迷山组下部—杨庄组中下部，地温梯度为 1.44 ℃/100 m；③段 3 649.78 ~ 3 827.84 m，为杨庄组底部—长城系高于庄组上部，地温梯度为 - 1.69 ℃/100 m；④段为 GRY1 号钻孔孔底，高于庄组中上部，地温梯度为 2.45 ℃/100 m。

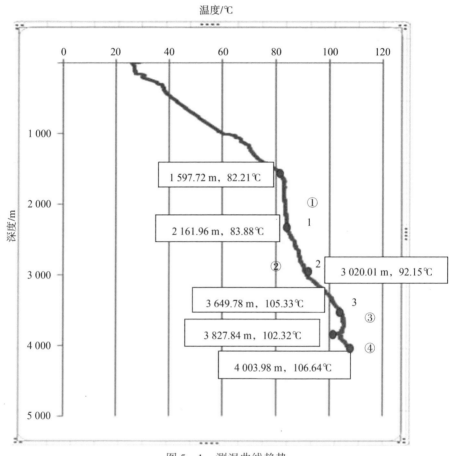

图 5 - 1　测温曲线趋势

根据前节所述，GRY1 号钻孔预计高于庄组底界深度为 4 500 m，长城系底界深度为 5 400 m，5 400 m 以深为太古界，要推算深部温度，本次分两段进行计算：高于庄组地层白云岩段、高于庄组地层以深石英砂岩段。计算方法如下：

1）高于庄组白云岩组段（4 003.98 ~ 4 500 m）

根据区域资料，本段地层以灰白色、灰色厚层泥晶白云岩、粉砂质白云岩为主，具硅质。岩性特征与 3 827.84 ~ 4 003.98 m 段岩性基本一致，因此利用④段地温梯度进行估算是合理的。为了进一步了解底部的温度变化特征，④段的温度曲线详见图 5－2。

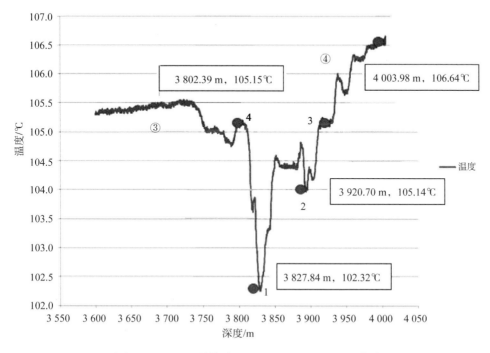

图 5－2　GRY1 号钻孔 3 600～4 003.98 m 测温曲线

从图 5－2 曲线特征看出，③段 4 点→④段 1 点，出现地温骤降的现象，105.15 ℃降至 102.32 ℃，结合水文地质观测，3 749.33～3 820.45 m 冲洗液消耗量达 108 m³/h。根据测井曲线反映，该段地层裂隙发育，为一类～二类裂缝层，引起温度骤降的原因为此层段裂隙发育，富水性强，横向的水力联系密切，使该点的岩温降低。因此，该点在测温曲线的实测点并不能真正反映岩温，仅仅反映了该点水的温度。

综上所述，1 点处的温度不能代表该点的岩温，2 点处也出现了温度突变，3～4 点曲线反映良好，地温梯度为 1.80 ℃/100 m，可以作为推算长城系高于庄组底界温度的依据，据前所述，4 500 m（高于庄组底界）温度为 115.59 ℃。

2）长城系大红峪组—常州沟组石英砂岩段（底界深度 5 400 m）

根据区域资料，上部由灰白色石英砂岩和长石石英砂岩组成，夹硅质；下部由灰黄色—紫红色砂岩组成，岩性致密，裂隙不发育，据本孔测温曲线特征，当地层富水性减弱，地温就出现迅速增长的趋势，因此，本段地层地温梯度会出现明显增大。

根据图 5 - 1 中②段测温曲线特征，在 2 点处地温梯度出现增大的趋势，1→2 地温梯度为 0.96 ℃/100 m，2→3 地温梯度为 2.09 ℃/100 m，增幅为 118%。②段岩性 1→2 裂隙略微发育过渡为 2→3 致密，与高于庄组地层过渡到本段地层变化相似，因此以增幅为 118% 来计算，本段地温梯度为 3.92 ℃/100 m，推测至 5 400 m 温度为 150.87 ℃。

5.1.2　由居里面向浅部反算验证

中国陆域航磁计算居里面等值线平面图显示，本区居里面埋深约 22 000 m，温度为 580 ℃，GRY1 号钻孔 4 025.82 m 温度为 107.56 ℃，推算 4 025.82 ~ 22 000 m 综合地温梯度为 2.62 ℃/100 m，推算至 150 ℃，深度约 5 600 m。

根据验证，两种方法基本吻合，说明本次采用的方法是正确的，有一定的地质依据。因此，GRY1 号钻孔 150 ℃ 的深度约为 5 400 m。

5.1.3　研究区深部温度估算

由于本区新生界地热井地层地温梯度偏高，2.63 ~ 3.82 ℃/100 m，到基岩后有所降低。为了使计算结果更真实可信，奥陶系以新地层按浅部地温梯度推算；奥陶系—长城系高于庄组地层，采用 GRY1 孔基岩段综合地温梯度 1.254 ℃/100 m 计算，高于庄组以老地层按前述 3.92 ℃/100 m 推算。计算的深部地温结果如表 5 - 1 所示。

表 5 - 1　推测区内地热井深部地温一览表　　　　　　　　℃

地热井/km	4	5	6	7	8	9	10
鑫热 1 井	97.0	109.5	122.1	134.6	168.6	207.6	246.6
GRY - 1	106.6	130.6	169.6	208.6	247.6	286.6	325.6
赵庄地热井	108.9	146.9	185.9	224.9	263.9	302.9	341.9
振江小区地热井	99.2	111.7	124.3	136.8	198.7	237.7	276.7

续表

地热井/km	4	5	6	7	8	9	10
银都	119.3	138.0	177.0	216.0	255.0	294.0	333.0
景龙热15井	93.6	106.2	118.7	131.2	159.2	198.2	237.2
吴桥连城水岸	104.7	117.2	129.8	142.3	171.6	210.6	249.6
景县4	105.4	117.9	130.4	143.0	173.6	212.6	251.6
9901	98.9	111.5	124.0	158.0	197.0	236.0	275.0
同聚祥井	93.1	105.6	118.1	148.9	187.9	226.9	265.9
青热4	99.6	112.1	124.7	150.0	189.0	228.0	267.0
大热1井	109.9	130.0	142.5	170.5	209.5	248.5	287.5
热1孔	101.7	114.2	126.7	139.3	171.8	210.8	249.8

5.2　地热流体地温计估算储层温度

地热流体地温计可以通过地热钻孔取样来研究估算储层温度，每个地热温标都有一定的适用条件。因此，用地热温度计评价地下热储温度时，必须考虑热田地质、水文地质和地球化学条件，同时还要考虑样品采集和分析化验过程，一般认为地热温标主要用于高温热田的评价。但是，在有些情况下，如果小于150 ℃的中低温热田能够符合地热温标所要求的条件，特别是深部热水向上运移过程中基本符合热力学的"绝热过程"，用地热温标评价中低温热储也是可以的。

在研究和开发利用地热田的过程中，必须合理估算深部热储层的温度，当前对热储层温度进行合理估算的方法主要有三种，分别为直接测量法、地球化学温标计算法和地温梯度推算法。其中，地热温标细分为两类：矿物溶解度体现温度函数、决定热水内溶解组分比例的反应取决于温度，其主要通过相关组分比值来达到展现地热温标的效果，典型的有 Na – K – Ca、Na – K 等。大多数化学反应和同位素化学反应都可以用来当作地球化学温度计或简称地热温标来计算地下热储的温度。

在实践中，只要把地热流体水样的化学组分浓度值代入相应的温标公式，即能估算出相应地热流体的热储温度，较之钻孔测温，具有经济和快速等优点。在地热资源的调查评价、勘探开发和营运管理的全过程中，地热温标起着非常重要的作用，因此，自 1960 年 Bodvarsson 提出半定量的二氧化硅地热温标以来，10 多年间迅速出现了许多种地热温标，每一种地热温标都有好几种不同的表达式。目前广泛采用的地热温标有：二氧化硅温标（Fournier，Mahon，1966），Na－K 温标（White，1965；Fournier，1979），Na－K－Ca 温标（Fournier，Truesdell，1973）及硫酸盐—水系统中氧同位素温标，即 $\delta^{18}O$（$SO_4^{2-}-H_2O$）（Lloyd，1968；Mckenzie，Truesdell，1977）。此外，还有利用混合热水的化学组分浓度推求热储温度的公式和图解法：如 SiO_2—焓计算公式和图解，氯—焓图解等。各类温标及其表达式的建立过程、适用条件和误差改正等可参见有关文献。

水在离开热储之后，在流向地表的过程中，是否出现再平衡取决于相似的因素：流速、上升通道所经围岩的类型和反应性、热储的初始温度、可能产生的各种反应的热动力学特点等。以不同的速率上升的水中，可以产生不同的反应。因此，对不同的化学地热温标而言，表现出的最后平衡温度基本上是不同的。

利用地热流体温标可以用来估算热储温度，但由于热储温度低、上层冷水的混入等，使得热水体系中的化学组分并未达到真正的水—岩平衡状态。因此，地热温标在实际使用中常常存在误差。为了缩小估算误差，本书将通过 Na－K－Mg 三角图解析区域内地下水水—岩平衡状态，在此基础上利用地球化学温标来估算研究区地下深部热储层温度。

利用地热水及气体中某些化学组分含量与温度的关系，来估算热储温度。其基本原理是，深部热储中矿物与流体或不同流体之间已达到了平衡，地热流体升流过程中，到达地表后尽管温度明显下降，而化学成为含量并未发生明显的变化。因此，可基于化学反应的平衡温度来估算热储的温度。

下面将通过阳离子比值温度计、SiO_2 地温计、氯焓图解法和硅焓图解法等方法来具体研究并估算深部热储层的温度。

5.2.1　阳离子比值温度计

阳离子地热温标建立在阳离子交换反应的基础上；Na－K 温标仅应用于 150 ℃ 以上的热水，尤其是钻孔中的热水。低温条件下水溶 Na^+/K^+ 一般不受共生碱性长石之间阳离子交换反应的控制，其优点是受稀释和蒸气分离的影响很小，国外许多学者先后提出过 Na－K 温标的函数和 Na－K－Ca 温标的函数，其中 Na－K－Ca 温标是专门用来处理富钙热水的，沸腾会使估算值偏高；在许多富 Mg^{2+} 的中低温热水中，Na－K－Ca 温标估算得到的结果也明显偏高，因此需要进行 Mg^{2+} 校正；Giggenbach 于 1988 年建立 K－Mg 温标。除了以上阳离子地热温标，还有 Mg－Li 温标、K－Li 温标、Na－Li 温标、Na－Ca 温标和 K－Ca 温标等，各有不同的应用条件。

由于温标方法众多，应用条件各异，加上使用者往往对这些条件不甚了解，容易简单地套用现有公式，给结果的解释带来一定的困难。因此，对各类温标方法及其应用条件有一个比较全面的了解尤为重要。

阳离子地温计是利用地热流体中的地热水成分，其阳离子比值与温度之间的关系，从而逐步建立起来的地温计方法，该方法均为经验性的近似方法。

1）Na－K 地热温标

地下天然热水中钠、钾离子的含量随着温度的升高而有规律地变化，因而可以试图用钠、钾含量推算地下热储温度。多年的实验研究表明，用 Na－K 地热温标评价 180～350 ℃ 的高温热储的温度有良好效果。对于低于 120 ℃ 的热储，特别是热水中富含钙和地表有钙华沉积的热泉水，用 Na－K 地热温标评价热储温度将会得出错误结果。Na－K 地热温标一般适用于中性或弱碱性氯化物水，其钠钾比一般在 8～20，对于 pH＜7 的酸性水不能用 Na－K 地热温标来评价地下热储的温度。Na－K 地热温标很少受冷水稀释和蒸气分离的影响，因而较普遍地用于高温热田。这是因为相对于地热流体来说，混入的流体只能提供很少量的钠、钾离子。

根据水岩平衡和热动力方程推导，当钠长石和钾长石均达到平衡时，且地热水温度大于 150 ℃，温标计算如下：

$$t = \frac{1\ 390}{1.75 + \lg(Na/K)} - 273.15 \quad (Na-K^1) \qquad (5.2)$$

或

$$t = \frac{1\ 217}{1.438 + \lg(Na/K)} - 273.15 \quad (Na-K^2)$$

或

$$t = \frac{856}{0.857 + \lg(Na/K)} - 273.15 \, (Na - K^3)$$

式中，Na，K——水样中钠、钾离子的质量浓度，单位为 mg/L。

2）Na – K – Ca 地热温标

热水汽化后的蒸汽散失和汽水的混入都会影响 Na – K – Ca 地热温标的计算精度，主要原因是汽化沸腾后散失，因而产生 $CaCO_3$ 的沉淀，水中溶解钙离子的损失将使计算的温度大大偏高。如果热水的矿化度大大高于混入的冷水，且冷水数量不大时，冷水对 Na – K – Ca 地热温标的影响可以忽略。但是，如果混入冷水的钙含量超过热水钙含量的 20% ~ 30% 时，混合的影响就应予以考虑。当 Na – K – Ca 地热温标用于含镁离子较高的热水时，也会算出异常高的结果，可参考有关文献用镁离子加以校正。

$$t = \frac{1\,647}{\lg(Na/K) + \beta \left(\lg \dfrac{\sqrt{Ca}}{Na} + 2.06 \right) + 2.47} - 273.15 \, (Na - K - Ca) \quad (5.3)$$

（单位：mol/kg；$T < 100\ ℃$，$\beta = 4/3$；$T > 100\ ℃$ 和 $\lg(Ca^{0.5}/Na) < 0$，$\beta = 1/3$）

式中，Na，K，Ca——水样中钠、钾、钙离子的质量浓度，单位为 mg/L。

3）K – Mg 地热温标

Giggenbach 于 1988 年建立 K – Mg 温标，该温标适用于低温地下热水，估算温度一般高于热水井的出水温度，被认为是继续向深部钻进有可能达到的温度。K – Mg 温标是基于钾长石转变为白云母和斜绿石的离子交换反应，其对于温度的变化反应非常迅速，在溶液中达到平衡也最为快速，其相对含量的调整比 Na – K 要快得多，甚至在低温下也是如此。因此，据此建立的 K – Mg 温标是一种适用于低温热水系统的温标。

$$t = \frac{4\,410}{14.0 - \lg \dfrac{K^2}{Mg}} - 273.15 \, (K - Mg) \quad (5.4)$$

式中，K，Mg——水样中钾、镁离子的质量浓度，单位为 mg/L。

根据理论分析和 GRY1 号钻孔地热流体的实际情况，这种温标比较适合此处地热流体温度的估算。

Na - K、K - Mg 和 Na - K - Ca 地温计有很多经验公式，这里只选用上述 5 个公式，并根据表 5 - 2 的数据，对热储温度进行了对比估算，结果如表 5 - 3 所示。

表 5 - 2 GRY1 孔高于庄组水样检测分析结果

编号名称	pH	温度/℃	化学成分(ρ)/(mg·L^{-1})				
			K$^+$	Na$^+$	Ca^{2+}	Mg^{2+}	SiO$_2$
GRY1 孔压裂前	7.02	107.56	109.96	1 951.28	207.98	43.78	76.56
GRY1 孔压裂后	7.78	107.56	112.64	1 794.94	234.58	49.24	112.04

表 5 - 3 GRY1 孔高于庄组水样阳离子温度计估算热储温度结果 t/℃

编号名称	Na - K^1 温标	Na - K^2 温标	Na - K^3 温标	Na - K - Ca 温标	K - Mg 温标	平均值
GRY1 孔压裂前	191.42	173.46	134.66	172.56	108.34	156.09
GRY1 孔压裂后	197.66	188.18	142.99	175.99	107.02	162.37

根据表 5 - 3 GRY1 孔高于庄组水样阳离子温度计估算热储温度的结果可以发现，Na - K^1 温标估算的压裂前后温度变化不大，前后相差 6.24 ℃，但估算结果都偏高；Na - K^2 温标估算的压裂前温度为 173.46 ℃，压裂后为 188.18 ℃，也相对偏高；Na - K^3 温标估算的压裂前温度为 134.66 ℃，压裂后为 142.99 ℃，较实测温度也稍有偏高。由表 5 - 3 可以得出结论，运用 Na - K 温标公式估算的压裂前后结果普遍偏高。

Na - K - Ca 温标估算的压裂前温度为 172.56 ℃，压裂后为 175.99 ℃，压裂前后的温度与 Na - K 温标公式估算的结果相差不是很大，比 Na - K^1 温标估算的压裂前后温度稍低，和 Na - K^2 温标估算的压裂前后温度较为接近。

Na - K - Ca 地热温标适用于中低温地热系统，在许多富 Mg^{2+} 的中低温水中，给出的温度值也明显偏高。来自深部的地下热水镁含量一般极低，因高温时镁保留在固相中，但随着温度的降低及地下水的渗入，镁在水中的含量增加，为此，当水中含有较明显的镁浓度时，要进行校正；Na - K - Ca 的离子交换反应未达到平衡，因此计算热储温度可靠性不高。

K－Mg 温标在压裂前后可以非常准确地估算出该热储层的温度，分别为压裂前的 108.34 ℃，压裂后的 107.02 ℃，结合前面的 Na－K 温标和 Na－K－Ca 温标，可以发现 Na－K 温标和 Na－K－Ca 温标在压裂后均比压裂前估算值高，而 K－Mg 温标在压裂后则比压裂前估算值低，导致该结果的原因可能是在压裂过程中，大量的地表冷水混入，造成其混合后的地下水中离子或温度情况不再适用于当前所运用的温标计算公式的基本适用条件，如混入冷水的钙含量超过热水钙含量的 20%～30% 时，对 Na－K－Ca 地热温标混合的影响就应予以考虑。尽管压裂以后持续了很长时间的抽水工作，但不能保证大部分用于压裂的水会被完全抽走，特别是在 GRY1 压裂后的水样采集区，也会造成主要离子质量浓度在一定范围内的较大变化，导致其代入公式计算以后异常偏高（如 Na－K－Ca 温标在压裂后估算的地热流体的温度）或略有偏低（如 K－Mg 温标在压裂后估算的地热流体的温度）。

K－Mg 地热温标计算的结果表明，在低温热水中 K－Mg 地热温标的有关离子交换反应到达平衡快，它们反映的温度可能是深部混合后热储温度下的再平衡温度。

综上所述，由于 Na－K 温标和 Na－K－Ca 地热温标公式估算的压裂前后结果均偏高，导致该热储层温度估算的均值在压裂前后都普遍偏高。

5.2.2　SiO₂ 地温计

SiO_2 地热温标利用热水中的 SiO_2 溶解度与温度的关系估算地下热储温度，在许多情况下误差仅有 ±3℃。其理论基础是 SiO_2 矿物在热水中的溶解—沉淀平衡理论，SiO_2 溶解度随温度升高而增加。研究发现，地下热储中 SiO_2 矿物有一定的共生次序，并且热水中若溶解了不同结构的 SiO_2 矿物，则溶解度大的控制水溶 SiO_2 的量。许多研究者提出不同的 SiO_2 地热温标函数，常用的有无蒸汽散失的石英温标、100 ℃ 下蒸汽足量散失的石英温标、无蒸汽分离或混合作用的石英温标、玉髓温标、α－方英石温标、β－方英石温标、无定形 SiO_2 温标，适用温度区间为 0～250 ℃。石英温标适用于 150 ℃ 以上的井孔水，而玉髓温标适用于低温热水；石英温标要考虑热水中蒸汽的分离效应和 SiO_2 的聚合或沉淀。

使用二氧化硅地热温标时所要考虑的因素可以概括为：①蒸汽分离的影响；

②采样前二氧化硅可能产生沉淀或凝聚作用；③采样后由于保存不善可能产生凝聚作用；④除石英外，水溶二氧化硅是否受其他固相物质控制；⑤pH 值对石英溶解度的影响；⑥热水上升过程中被冷水稀释的情况等。

二氧化硅地热温标的一系列方程式，通常用来描述饱和压力下的石英溶解度，如果充分考虑上述因素的影响，从 0~250 ℃，二氧化硅温标的计算误差仅有 ±2 ℃，但在 250 ℃以上，由于石英出现重复平衡，方程式将明显偏离实验曲线，所以温度大于 250 ℃的地下热储不能用二氧化硅温标，而要用 Na - K 温标。

根据大量实验表明，二氧化硅矿物的溶解度是温度的函数，而且压力和盐度变化对 300 ℃以下石英和非晶质硅的溶解度影响较小。因此，可以将地热水中的二氧化硅浓度作为地温计来计算热储温度。二氧化硅地温计是被广泛采用的估算热储温度的一种方法，很多学者根据不同的二氧化硅的溶解度和地下热流体在上升过程中的不同冷却方式，提出了许多经验公式，其中有些假设的条件基本相同，但大多数经验公式具有一定的适用条件，不同学者提出的计算公式均有差异，其计算结果也不相同。结合研究区的地热地质状况，这里选择了下列经验公式进行计算比较。

石英[1] 温标：无蒸汽分离或混合作用的石英温标。

$$t = -42.198 + 0.288\,31(SiO_2) - 3.668\,6 \times 10^{-4}(SiO_2)^2 +$$
$$3.166\,5 \times 10^{-7}(SiO_2)^3 + 77.034\lg(SiO_2) \tag{5.5}$$

石英[2] 温标：无蒸汽散失的石英温标。

$$t = \frac{1\,309}{5.19 - \lg(SiO_2)} - 273.15 \tag{5.6}$$

石英[3] 温标：蒸汽足量散失的石英温标。

$$t = \frac{1\,522}{5.75 - \lg(SiO_2)} - 273.15 \tag{5.7}$$

玉髓温标：

$$t = \frac{1\,032}{4.69 - \lg(SiO_2)} - 273.15 \tag{5.8}$$

α - 方英石温标：

$$t = \frac{1\,000}{4.78 - \lg(SiO_2)} - 273.15 \tag{5.9}$$

式中：SiO_2 代表水样中二氧化硅的质量浓度，单位为 mg/L。

SiO_2 地温计有很多经验公式，这里只选用上述 5 个公式，并根据表 5 - 2 的数据，对热储温度进行了对比估算，结果如表 5 - 4 所示。

表 5 - 4　研究区 SiO₂ 地温计估算热储温度结果　　　　　　　t/℃

编号 名称	石英¹ 温标	石英² 温标	石英³ 温标	玉髓 温标	α - 方英 石温标	平均值
GRY1 孔压裂前	123.00	122.80	120.54	94.63	72.15	106.62
GRY1 孔压裂后	144.63	143.73	139.32	117.67	93.15	127.70

在 SiO_2 地热温标应用过程中，一般认为，在高温地热田中，是石英和热水达到了平衡；在低温地热田中，是玉髓控制了 SiO_2 的含量。

由于在中低温地热中玉髓温标一般能给出较准确的值，所以用玉髓温标计算的结果与 K - Mg 地热温标计算的结果作了比较，上述阳离子比值温度计中 K - Mg 地热温标计算的结果分别为压裂前的 108.34 ℃ 和压裂后的 107.02 ℃，在此次水样温度计算中，K - Mg 地热温标比玉髓温标更为精确，但玉髓温标在计算此处水样温度时较其他 SiO_2 地热温标更为合理，石英温标普遍偏高，压裂前估算温度更为接近本次高于庄组水样温度的实测值，压裂后温度均提高了 20 ℃ 左右；α - 方英石温标估算的温度普遍偏低，计算的压裂前温度为 72.15 ℃，压裂后为 93.15 ℃；运用 SiO_2 地热温标估算的压裂前温度平均值为 106.62 ℃，其估算结果比较合理准确，压裂后温度平均值为 127.70 ℃，较此处水样实测温度稍有偏高，也证实了 SiO_2 地热温标在该区域地下热水温度估算中的可靠性相对较高。

由表 5 - 4 研究区 SiO_2 地温计估算热储温度结果不难发现，GRY1 号钻孔在压裂后的估算温度均高于压裂前的估算温度，导致该结果的原因可能为：长时间、高强度的压裂工作致使高于庄组含水层内部部分孔隙裂隙导通，水力联系增强，部分相对较高温度的地热流体进入采样区域，致使此处原有地下热水温度升高，也就形成了 GRY1 号钻孔在压裂后其估算温度均高于压裂前估算温度的情况。

从 GRY1 孔高于庄组水样阳离子温度计估算热储温度结果表（t/℃）和研究区 SiO_2 地温计估算热储温度结果表（t/℃）可以看出，由于温标方法众多，水溶液中达到平衡的矿物尚不清楚，再加上相关干扰因素的影响，对于同一水样来说，不同的温标方法计算出的热储温度常常差异很大，说明任何温标在没有达到平衡状态的情况下必然无法给出正确的结果。这就需要寻找其他化学分析方法进行更深入的分析、筛选，确定达到水—岩平衡的矿物，选取合适的温标方法，最后确定热储的温度范围。

5.2.3 矿物—流体化学平衡判断

地热流体中溶解物的浓度是热储温度的函数。从理论上讲，受温度控制的化学反应中的组分都可以用来做地热温标，但是，作为地热温标方法，还需满足以下基本条件：①反应物必须充足；②水—岩之间必须达到平衡；③水（气）向取样点运移的过程中没有发生再平衡。因此，必须研究热水和矿物的平衡状态以检验地热温标方法的可靠性。

1）Na – K – Mg 三角图

Na – K – Mg 三角图由 Giggenbach 于 1988 年提出，在图中分为完全平衡、部分平衡和未成熟水三个区域，常被用来评价水—岩平衡状态和区分不同类型的水样。其应用原理是，钠、钾的平衡调整较缓慢，但钾、镁含量的平衡调整得很快，即使在温度较低时亦如此，因此对中低温热田热储温度的计算较为有利。

以 Na – K、Na – K – Mg 和 K – Mg 平衡为基础建立的阳离子温标被广泛地应用于热储温度的估算，其在应用中的主要误差是待分析水样的各项指标并不满足 Na – K、Na – K – Mg 和 K – Mg 等阳离子比值温度计的部分适用条件；使用 pH 值和 Cl^-、SO_4^{2-}、HCO_3^- 等浓度来排除不合适的水样又是非常困难的。近年来，Na – K – Mg 三角图常被用来评价水—岩平衡状态和分析判断适合应用的水样，它主要取决于下面两个依赖温度的反应：

$$K - 长石 + Na^+ = Na - 长石 + K^+$$

$$2.8K - 长石 + 1.6H_2O + Mg^{2+} = 0.8K - 云母 + 0.2 氯化物 + 5.4 硅 + 2K^+$$

三角图中的坐标可以计算如下：

$$S = \frac{Na}{1\ 000} + \frac{K}{100} + \sqrt{Mg}$$

$$Na\% = \frac{Na}{10S}$$

$$Mg\% = \frac{100\ \sqrt{Mg}}{S}$$

式中：Na，K，Mg——水中钠、钾和钙离子的浓度，单位为 mg/L。

此方法的优点在于，可在同一幅图上同时判断出大量水样的平衡状态，能把混合水和平衡水很好地分开。

在图 5 - 4 中，从每个三角点到其对边，其相应组分含量（mg/L）的百分数由 100% 变化到 0，则按 Na 和 Mg 计算的百分数作平行于其对边的两条直线，交点则为各水样在此图中的分布位置。

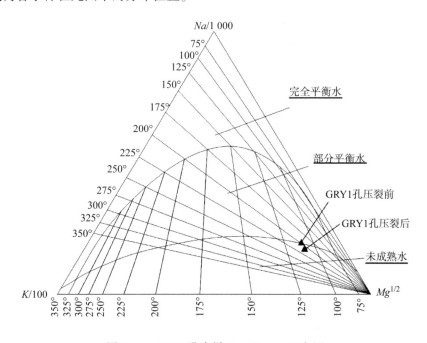

图 5 - 4　GRY1 孔水样 Na - K - Mg 三角图

通过图 5 - 4 中的 Na、K 及 Mg 含量的分析数据，可以判断水样是否适合应用离子型溶解性地温计。图中 GRY1 压裂前水样点落在靠近部分平衡水一侧的范围内，即部分平衡水，反映了水—岩反应的平衡温度偏低，水样不能完全达到平衡，也说明了 GRY1 号钻孔的地下热水可能来自较热的环境，在由热水向地表上升的过程中受到浅层冷水的稀释作用，从而使热水中元素的含量变低。通过对 GRY1 号钻孔热水沉淀物成分的分析得知，热水在向上运移的过程中混入了上部蓟县系雾迷山组相对温度较低的水，印证了上述这一结论。图中 GRY1 压裂后水

样落在靠近 $Mg^{1/2}$ 角一侧,属于未成熟水,说明这些水样中 Mg^{2+} 含量较高,水 – 岩反应的平衡温度不高,地下热水有发生混合作用的可能,原则上用 Na – K 和 Na – K – Ca 地热温标估算的这些未成熟水样点平衡温度不合理,只可作为本研究的参考,适合用 K – Mg 和 SiO_2 地热温标来估算研究区的热储温度。

2)多矿物平衡法

1984 年,Reed 和 Spycher 提出多矿物平衡图解法以判断地热系统中热液与矿物之间总体的化学平衡状态。其原理是将水中多种矿物的溶解状态当成温度的函数,若一组矿物在某一特定温度下同时接近平衡,则可判断热水与这组矿物达到了平衡,平衡时温度即深部热储温度。混合水和那些水热矿物达不到平衡的热水都不可能在某一温度下同时使多种矿物达到平衡,据此可判断热水是否与浅部冷水发生了混合、热水是否与某个矿物组合处于平衡状态,以及平衡所对应的温度等。

事实上在大多数的地热系统中,均有 1 ~ 2 种含铝的硅酸盐矿物已经达到了平衡。据此,Reed 和 Pang 开创了用固定铝的方法来恢复地热系统中含铝硅酸盐矿物的平衡。

本次选取了 GRY1 号钻孔压裂前后高于庄组的两个热水水样,通过运用 PHREEQCI 程序计算出的多种矿物的饱和指数 SI 值,根据现有资料选取了其中三组矿物进行多矿物平衡图解(见图 5 – 5)分析,其分析结果表明,GRY1 号钻孔压裂前水样中几种矿物在参考温度范围内有两组处于非饱和状态,且玉髓更接近饱和线,GRY1 号钻孔压裂后矿物在参考温度范围内有两组处于过饱和状态。

α – 方英石在压裂前后的水样均处于 $SI = 0$ 直线之下,因此 α – 方英石温标估算的该热储层温度较真实值偏低,其与 $SI = 0$ 直线的交点将在 150 ℃以后,这一趋势温度远偏离于高于庄组的水样温度实测值;石英在压裂前后的水样均处于 $SI = 0$ 直线之上,故石英温标估算的该热储层温度较真实值偏高,其与直线 $SI = 0$ 的交点在 103.5 ℃左右,这一交点温度非常接近于此处水样温度的实测值;玉髓在压裂前后均匀分布于 $SI = 0$ 直线两侧,且其饱和指数 SI 值相当地接近 0,因此玉髓温标估算的该热储层温度较真实值更为接近,用此温标估算的结果也更为合理,其与直线 $SI = 0$ 的交点在 110 ℃左右,这一交点温度也是非常接近于此处水样温度的实测值。

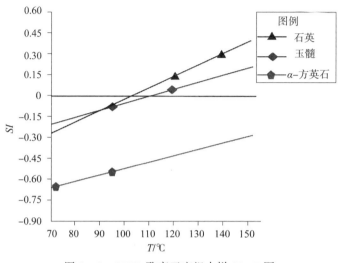

图 5 – 5　GRY1 孔高于庄组水样 SI – T 图

在实际应用中，大部分的图解法效果并不好，但是该方法可以作为定性判断地热流体—矿物平衡的依据。

3）饱和指数法

用 PHREEQCI 程序计算出的矿物—溶液的平衡数据，可判断出已达到平衡的矿物。PHREEQCI 程序可以利用地下热流体水质分析数据，通过计算深层水中水溶物种的活度系数，模拟出地热流体中的化学成分和物种的形成，并进一步模拟出水中溶解矿物的情况。

饱和指数法可以定量计算深部热储某矿物与水的反应程度。计算结果（见表 5 – 5）表明，没有一个水样的矿物饱和指数 $SI = 0$。根据地热水中矿物的饱和指数 SI 可判断每种矿物的饱和程度：饱和指数 $SI > 0$，矿物处于过饱和状态，该矿物决定的温标将估算出过高的温度；饱和指数 $SI = 0$，矿物处于饱和状态，估算出的结果合理；饱和指数 $SI < 0$，矿物处于非饱和状态，估算结果偏低。

$$SI = \lg Q - \lg K = \lg \frac{Q}{K} \tag{5.10}$$

式中：K——矿物在地下热水中的溶解度，单位为 mol/L；

Q——实际溶解在地下热水中的矿物的离子活度积，单位为 mol/L。

表5-5　GRY1孔压裂前后地热流体饱和指数

GRY1 孔压裂前				GRY1 孔压裂后			
矿物	饱和指数 SI	矿物	饱和指数 SI	矿物	饱和指数 SI	矿物	饱和指数 SI
钠长石	-2.72	盐岩	-4.12	钠长石	-1.54	盐岩	-4.18
硬石膏	-0.30	方锰矿	-0.51	硬石膏	-0.16	方锰矿	2.84
钙长石	-4.22	伊利石	-4.93	钙长石	-2.32	伊利石	-3.52
重晶石	0.14	高岭石	-2.89	重晶石	0.31	高岭石	-2.54
玉髓	-0.08	菱锰矿	-1.87	玉髓	0.06	菱锰矿	
纤蛇纹石	2.05	石英	0.14	纤蛇纹石	6.93	石英	0.28
$Fe(OH)_3(a)$	-0.48	海泡石	-1.43	$Fe(OH)_3(a)$	-1.05	海泡石	2.06
萤石	-0.06	$SiO_2(a)$	-0.70	萤石	-0.25	$SiO_2(a)$	-0.56
石膏	-0.88	滑石	6.36	石膏	-0.74	滑石	11.53

　　高于庄组地下热水中石英、滑石、重晶石和纤蛇纹石的饱和指数在压裂前后均大于0，说明该类矿物处于过饱和状态，会析出沉淀，且用其相应的温标公式估算的该热储层温度会有所偏高；而钠长石、硬石膏、钙长石、$Fe(OH)_3(a)$、萤石、石膏、盐岩、伊利石、高岭石和$SiO_2(a)$ 的饱和指数在压裂前后均小于0，说明该类矿物处于非饱和状态；菱锰矿在压裂前饱和指数小于0，在压裂后没有输出该数据，其中海泡石、玉髓和方锰矿在压裂前后变化较大，都从非饱和状态变化为过饱和状态，主要原因是样品中部分离子在压裂前后质量浓度变化较大，可根据表5-6 GRY1水样压裂试验前后对比表进行清楚地对比分析。

表5-6　GRY1 水样压裂试验前后对比表

项目	单位	压裂试验前	压裂试验后	差值
颜色	度	12	16	-4
浑浊度	NTU	2.5	1.3	1.2
嗅和味	—	无	无	无
电导率	µs/cm	6 175	5 612	563
Eh 值	mv	108.0	79.4	28.6
pH 值	—	7.02	7.78	-0.76

项目	单位	压裂试验前	压裂试验后	差值
溶解氧	mg/L	6.68	7.40	−0.72
肉眼可见物	—	可见微量黄色泥沙	微量悬浮物	—
K^+	mg/L	109.96	112.64	−2.68
Na^+	mg/L	1 951.28	1 794.94	156.34
Ca^{2+}	mg/L	207.98	234.58	−26.6
Mg^{2+}	Mg^{2+}	43.78	49.24	−5.46
氯化物	mg/L	3 148.23	3 014	134.23
硫酸盐（以 SO_4^{2-} 计）	mg/L	558.48	699.58	−141.1
水溶性重碳酸根	mg/L	308.05	348.96	−40.91
水溶性碳酸根	mg/L	0	0	0
硝酸盐	mg/L	15.62	0	15.62
游离 CO_2	mg/L	17.62	5.04	12.58
总硬度	mg/L	699.20	789.19	−89.99
总碱度	mg/L	252.65	286.20	−33.55
总酸度	mg/L	20.01	5.73	14.28
溶解性总固体（TDS）	mg/L	6 283.04	6 218.25	64.79
亚铁	mg/L	0.16	0.16	0
高铁	mg/L	4.18	1.86	2.32
NH^{4+}	mg/L	4.02	17.75	−13.73
Al^{3+}	mg/L	0.006 6	0.040	−0.033 4
氟化物（以 F^- 计）	mg/L	6.31	4.80	1.51
亚硝酸盐	mg/L	0.09	0	0.09
Br^-	mg/L	3.34	3.63	−0.29
I^-	mg/L	0.25	0.55	−0.3
Li	mg/L	2.61	2.68	−0.07
Sr	mg/L	13.02	18.17	−5.15
Zn	mg/L	0.024	0.010 0	0.014
Se	mg/L	0.003 0	0.002 8	0.000 2
Cu	mg/L	0.012	0.001 4	0.010 6

续表

项目	单位	压裂试验前	压裂试验后	差值
Hg	mg/L	< 0.000 07	< 0.000 07	0
Cd	mg/L	0.000 47	< 0.000 06	0.000 41
Ba	mg/L	0.18	0.22	− 0.04
Cr^{6+}	mg/L	< 0.005	< 0.005	0
Pb	mg/L	0.000 34	0.000 50	− 0.000 16
Co	mg/L	0.000 28	0.000 03	0.000 25
V	mg/L	0.003 4	0.000 82	0.002 58
Mo	mg/L	0.002 8	0.008 0	− 0.005 2
Mn	mg/L	0.065	0.008 9	0.056 1
Ni	mg/L	0.001 2	0.000 36	0.000 84
As	mg/L	0.009 2	0.009 4	− 0.000 2
Ag	mg/L	< 0.000 03	< 0.000 03	0
PO_4^{3-}	mg/L	0	0.03	− 0.03
HBO_2（以 B 计）	mg/L	7.69	3.26	4.43
可溶性 SiO_2	mg/L	76.56	112.04	− 35.48
高锰酸钾耗氧量	mg/L	11.45	19.64	− 8.19
Sb	mg/L	0.000 93	0.000 18	0.000 75
Bi	mg/L	0.000 36	< 0.000 01	0.000 35
Cs	mg/L	0.003 2	0.036	− 0.032 8
H_2S	mg/L	0.002 4		0.002 4
侵蚀性 CO_2	mg/L	0	0	0

　　GRY1 号钻孔压裂前水样的玉髓温标计算温度低于该钻孔水样温度的实测值，其玉髓的饱和指数小于 0，处于非饱和状态；压裂后水样的玉髓温标计算温度高于该钻孔水样温度的实测值，其玉髓的饱和指数大于 0，处于过饱和状态；玉髓在压裂前后饱和指数 SI 值非常接近 0，分别是压裂前的 − 0.08 和压裂后的 0.06，这就充分说明利用玉髓温标计算公式估算的该热储层温度较为合理，且误差很小，压裂前后玉髓的饱和指数 SI 很好地论证了这一点，其温标估算的结果也恰好分布于高于庄组实测温度 107.56 ℃左右，这说明该地热系统中玉髓控制

着热水和二氧化硅之间的平衡。

▪ 5.3 本章小结

（1）研究区新生界地温梯度由北向南逐步降低，由东向西逐渐升高，在平面图上呈条带状分布。基岩段岩石热导率差异大，地温梯度也大，并随着富水性的增强，地温梯度会逐渐降低。

（2）孔深 2 160 m 时的测温成果可以作为新生界地温场评价的基础数据。由于基岩为巨厚碳酸盐岩含水地层，因此建立的地温场热传导空间模型不适合本区。

（3）地温梯度法估算的高于庄组底界温度为 115.59 ℃，推测 GRY1 号钻孔 150 ℃ 的深度约为 5 400 m。

（4）在沧县台拱带长城系高于庄组水样的研究过程中，将不同地热温标计算的结果进行对比分析，发现区内地热流体热储层的温度非常适合用玉髓温标和 K – Mg 温标来进行合理评价，二者能够准确地确定其热储的温度范围，其预测结果也十分接近高于庄组水样温度的实测值。

（5）在用 Na – K – Mg 三角图评价 GRY1 号钻孔水样的平衡状态时，若水样未达到平衡，则用阳离子地热温标估算的热储温度就会发生异常，从而无法正确评价热储层温度。通过运用 PHREEQCI 程序计算矿物—溶液的平衡数据，判断出已达到平衡的矿物，进而用以估算地下深部热储的温度，就能正确地评价热储的温度。

（6）无论是 PHREEQCI 程序还是 Na – K – Mg 平衡图，都可以用来评价地热系统中水—岩平衡状态，但在实际工作中，要将这些方法结合起来，互相比对，互相验证，互相补充。

6

抽水试验及压裂
试验工作

抽水试验是确定含水层水文地质参数的重要方法，水力压裂技术是改造含水层结构的有效手段，研究热储层水力压裂前后水文地质特征对地热资源的合理开发利用具有重要指导意义。以献县地热田深部岩溶热储为研究对象，应用抽水试验研究含水层水力压裂前后变异程度。本次共进行两次抽水试验工作，压裂试验前后各一次。

6.1 抽水试验概述

6.1.1 抽水试验目的及参照的规程规范

抽水试验可通过水文地质钻孔或水井抽水确定井（孔）涌水量，获取含水层的水文地质参数，评价含水层的富水性，了解地下水、地表水及不同含水层之间的水力联系，为地下水资源开发利用及相关工程设计提供基础依据。在研究压裂段重要水文地质特征的同时，检验压裂试验的效果，对压裂前后含水层富水性特征进行分析对比。

参照的规程规范有：

（1）《地热资源勘查规范》（GB/T 11615—2010）。

（2）《水文地质手册》，地质出版社，中国地质调查局，2012。

（3）《煤炭资源地质勘探抽水试验规程》，中华人民共和国煤炭工业部。

6.1.2 含水层厚度的确定

经测井确定含水层层段和位置为：含水层层段为岩溶裂隙含水层。含水层深度为 3 721.29 ~ 3 751.53 m，厚度为 30.24 m；含水层深度为 3 791.69 ~ 3 827.24 m，厚度为 35.55 m；含水层深度为 3 904.01 ~ 3 912.43 m，厚度为 8.42 m；含水层深度为 3 952.84 ~ 3 966.63 m，厚度为 13.79 m。总厚度为 88 m。

6.1.3 套管止水

1. 下入套管情况

（1）孔深 0 ~ 25.33 m，孔径 ϕ610 mm，下入 ϕ508 mm × 10 mm 套管。

（2）孔深 0 ~ 1 217.01 m，孔径 ϕ444.5 mm，下入 ϕ339.7 mm × 9.65 mm 石油套管 1 215.04 m，高出地表 0.10 m，下入孔深 1 214.91 m 处。

（3）孔深 1 217.01 ~ 2 041.38 m，孔径 ϕ311 mm，下入 ϕ244.48 mm × 10.03 mm 石油套管 919.47 m，下入孔深 2 041.30 m，与上部套管交叉 93.11 m。

（4）孔深 2 041.38 ~ 3 701.16 m，孔径 ϕ215.9 mm，下入 ϕ177.8 mm × 9.19 mm 石油套管 1 775.05 m，下入孔深 3 701.16 m，与上部套管交叉 115.19 m。

2. 固井情况

共完成固井工作三次。采用 42.5# 水泥和清水，按灰水比 1 : 0.5 搅拌均匀后对套管进行了固管封闭，第一次固井水泥用量 90 t，第二次固井水泥用量 60 t，第三次固井水泥用量 52 t，固井质量合格。经对套管丝扣止水和套管底头止水效果检查，套管止水质量合格。

3. 洗井

钻进时冲洗液为低固相稀泥浆，本次洗井采用六偏磷酸钠溶液浸泡孔壁（静置 24 h 后），清水反复冲洗钻孔，用量杯观测，无沉淀物，满足规范要求的出水含沙量不大于 1/20 000（体积比），达到了洗井目的，洗井质量合格。

6.2 压裂前抽水试验

6.2.1 抽水前探孔及试抽水试验

抽水前进行了孔深探测，经探测孔深为 4 025.82 m。

本次抽水试验采用 200QJR50 - 304/19 型井用潜热水泵进行抽水试验，潜水泵下入深度 226.68 m，测管下入深度 221.75 m，最大降深 54.29 m，水流清澈。达到进一步洗井、检验设备运转情况和掌握水位、流量基本情况后开始恢复水位观测。静水位观测从 2017 年 6 月 12 日 9 时至 2017 年 6 月 15 日 9 时，历时 72 h。经恢复水位，其静止水位埋深 49.92 m。

6.2.2 正式抽水试验

本孔正式抽水试验延续时间为 168 h，采用逆向抽水。具体过程叙述如下：

（1）第一降深点降深 89.32 m，抽水延续时间为 72 h，稳定段为 10 h，稳定段流量为 59.63 m³/h，水温为 103.50 ℃，水位变化幅度为 0.16%。

（2）第二降深点降深 73.74 m，抽水延续时间为 48 h，稳定段为 10 h，稳定段流量为 49.65 m³/h，水温为 102 ℃，水位变化幅度为 0.44%。

（3）第三降深点降深 58.91 m，抽水延续时间为 48 h，稳定段为 10 h，稳定段流量为 40.35 m³/h，水温为 99 ℃，水位变化幅度为 0.14%。

在抽水稳定段水位变化幅度不大于 1%，流量变化幅度均为 0，符合规范中稳定段要求，可以停止抽水进行恢复水位观测。

6.2.3 恢复水位观测

（1）试抽水试验恢复水位观测：静水位观测从 2017 年 6 月 12 日 9 时至 2017 年 6 月 15 日 9 时，历时 72 h。经恢复水位，其静止水位埋深 49.92 m。

（2）正式抽水试验恢复水位观测：2017 年 6 月 22 日 9 时至 2017 年 6 月 25 日 9 时，历时 72 h，静止水位埋深 42.59 m，热水头埋深 4.42 m。

6.2.4　水温、气温观测及抽水后探孔

本次采用水银温度计观测，每间隔半小时观测一次，与流量、水位观测保持同步，气温观测在空气通畅、背阴的地方进行，从而满足规范中的要求。

抽水结束，恢复水位稳定后起泵，进行了钻孔孔深探测，经探孔孔深为 4 025.82 m。

6.2.5　参数的确定

$$R = 10S\sqrt{K} \tag{6.1}$$

$$K = \frac{0.366Q}{MS}\lg\frac{R}{r}$$

式中：R——影响半径，单位为 m；

　　　K——渗透系数；

　　　Q——出水量，单位为 m³/d；

　　　M——承压含水层厚度，单位为 m；

　　　S——水位降深，单位为 m；

　　　r——抽水孔半径，单位为 m。

6.2.6　$Q-S$ 曲线反映情况

将抽水成果绘制成 $Q-S$、$q-s$ 曲线，如图 6-1、图 6-2 所示。

抽水试验成果详见表 6-1。

钻进时冲洗液为低固相稀泥浆，本次采用六偏磷酸钠溶液浸泡孔壁（静置 24 h 后），清水反复冲洗钻孔的方法洗孔，至返上不粘手清水为止；抽水设备为井用热潜水泵，水位观测工具为测绳和万用表及盒尺，流量观测工具为三角堰流量箱和钢板尺，温度观测工具为水银温度计；抽水期间 $Q-S$ 曲线正常，抽水过程中未发生异常，抽水试验各项观测记录数据齐全可靠。

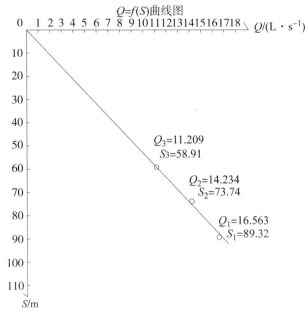

图 6 - 1　Q - S 曲线

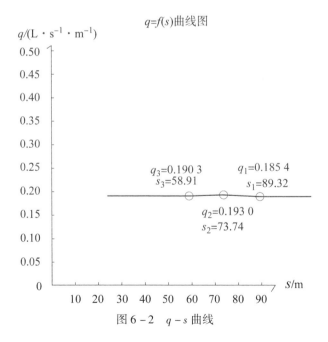

图 6 - 2　q - s 曲线

表 6 – 1　沧县台拱带干热岩资源预查 GRY1 孔压裂前抽水试验成果表

含水层名称			岩溶裂隙含水层		孔口标高/m		+16.800 m	钻机	ZJ40 – 301
孔深	抽水前/m		4 025.82	含水层	厚度/m	88.00		终孔直径/mm	152
	抽水后/m		4 024.00		埋深/m	3 746.00		抽水段孔/mm	152
过滤器	直径/mm		—	抽水前静止水位	总延续时间/h				72
	深度/m		—		稳定时间/h				
	有效长度/m		—		稳定段变幅/(mm·h⁻¹)				—
	滤网规格/(目·in⁻²)		—		静止水位/m 深度/标高				49.92/ −33.12
	填料规格/mm		—		总延续时间/h				72
	填料数量		—	抽水后恢复水位	稳定时间/h				
水柱高度/m			3 975.90		稳定段变幅/(mm·h⁻¹)				
					热水头水位/m 深度/标高				4.42/12.38
项目			抽水顺序						
			Ⅰ		Ⅱ		Ⅲ		
水位降低	S/m		89.32		73.74		58.91		
	稳定段误差/%		0.16		0.44		0.14		
涌水量	Q/(L·s⁻¹)		16.563		14.234		11.209		
	稳定段误差/%		0		0		0		
单位涌水量	q/(L·s⁻¹·m⁻¹)		0.1854		0.1930		0.1903		
抽水时间	总延续时/h		72		48		48		
	稳定时间/h		10		10		10		
渗透系数 K	采用公式		$K = \dfrac{0.366Q}{MS}\lg\dfrac{R}{r}$						
	计算结果/(m·d⁻¹)		0.2299		0.2338		0.2231		
影响半径 R	采用公式		$R = 10S\sqrt{K}$						
	计算结果/m		428.25		356.54		278.24		
质量评级			优质		取样深度/m		3 701.16 ~ 4 025.82		
水样种类			水质全分析样一组，同位素分析样一组，气体组分分析样一组						

6.3　压裂试验

6.3.1　压裂试验目的和内容

本次压裂试验是为了了解本区域压裂难易程度及分析研究目的层岩性物理力学性质与应力场之间的关系，增大深部岩溶热储的发育程度，扩大岩溶热储开采量。

本次压裂工作资料的解释完成以下内容：

（1）小型测试求取压裂目的层段的吸水能力。

（2）测试地层破裂压力。

（3）给定 75 MPa 压力范围内，在地层条件允许的范围内，软件模拟实际压裂裂缝的长度、宽度。

（4）完成压裂施工后，工具必须全部起出，不能影响后续工作。

6.3.2　参照的规程规范及压裂层段

（1）《压裂设计规范及施工质量评价方法》（Q/SY91—2004）。

（2）《压裂施工作业技术规范》（Q/CNPC. HB0856—2004）。

（3）《压裂工程质量技术监督及验收规范》（QSY31—2002）。

压裂层段深度为 3 701.66 ~ 4 025.82 m。

6.3.3　压裂实施方案

（1）压裂方式：采用 3 – 1/2" 加厚油管注入下带封隔器保护套管的方式，油管注水，投球打开滑套压裂。

（2）压裂管柱：采用 3 – 1/2" EUΦ 油管 + 安全接头 + 7" 水力锚 + 3 – 1/2" EU 油管 + Y341 – 146 封隔器 + 投球滑套 + 导锥，如图 6 – 3 所示。

（3）施工工序，如图 6 – 4 所示。

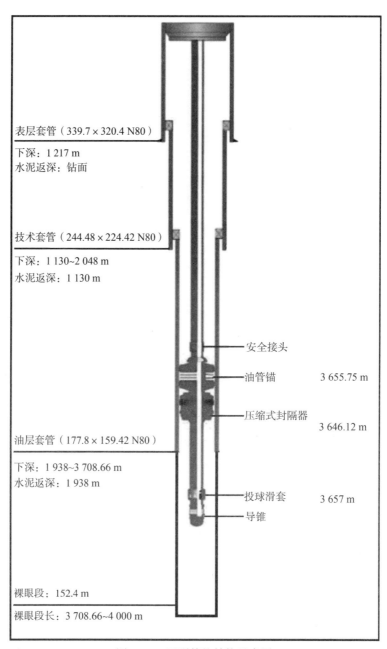

表层套管（339.7×320.4 N80）

下深：1 217 m
水泥返深：钻面

技术套管（244.48×224.42 N80）

下深：1 130~2 048 m
水泥返深：1 130 m

安全接头

油管锚　　　　　3 655.75 m

压缩式封隔器
　　　　　　　　3 646.12 m

油层套管（177.8×159.42 N80）

下深：1 938~3 708.66 m
水泥返深：1 938 m

投球滑套　　　　3 657 m

导锥

裸眼段：152.4 m

裸眼段长：3 708.66~4 000 m

图 6 – 3　压裂管柱结构示意图

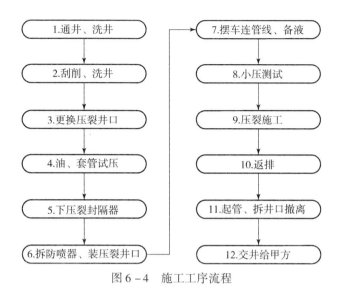

图 6 - 4　施工工序流程

6.3.4　压裂试验具体实施

1. 压裂试验前准备工作

1) 压裂装备准备

2000 型压裂车 6 台，2 台备用，单车最大水马力 2 000 HP[①]，单辆压裂车最大排量为 6.5 m³/min；75BPL 混砂橇 1 台，最大输出排量为供液能力为 12 m³/min；螺旋输砂器最大输砂量为 3.5 m³/min；管汇车 1 台；数据采集仪表车 1 台；砂罐车 3 辆，工程车 1 辆，配液泵 1 台，配液能力满足 4.0 m³/min。所有设备检查细致，运转正常，各仪表、仪器校验合格，性能良好。

2) 压裂材料准备

(1) 压裂液：参考岩层岩石特性及压裂目的层特点，选择耐高温低浓度羟丙基瓜尔胶络合交联压裂液体系。

压裂液配方：0.45% HPG + 0.2% 高效黏土稳定剂 + 0.3% 助排剂 + 0.1% 杀菌剂 + 0.3% 调理剂 + 0.55% FAL - 120 交联剂 + 胶囊破胶剂 + 过硫酸铵。

(2) 支撑剂：选取 30/50 目，抗 69 MPa 中密高强陶粒。

---

① 1 HP ≈ 735 W。

（3）清水：小型压裂测试和配置压裂液，备清水 350 m³。

2. 井筒处理

刮削→更换压裂井口→油管试压→通井、试压→刮削、洗井→扫塞→通井。

3. 压裂施工

1）小型压裂测试

小型压裂测试施工于主压裂之前，获取地层压力、滤失性等关键参数，用于指导现场压裂的施工。试压完成后，开始小型压裂测试，测试曲线如图 6-5 所示。

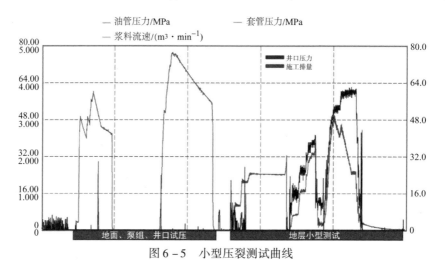

图 6-5　小型压裂测试曲线

通过测试，取得地层的吸收情况如表 6-2 所示。

表 6-2　地层吸水能力

施工排量/ （m³·min⁻¹）	井口压力/MPa	井筒摩阻/MPa	井底净压差/MPa	地层吸收能力/ （m³·min⁻¹·MPa⁻¹）
1	6.8	4.5	2.3	0.435
2	23	18.3	4.7	0.426
3	42	35	7	0.429

试验条件：井本注入试验采用 3-1/2″油管，内径 76 mm，筒内流体为清水，地层压力系数为 0.96。

小压测试结论：

（1）地层闭合平均压力为 38.8 MPa；液体造缝有效率低 16.2%，停泵后地层 2.8 ~ 4.7 min 裂缝闭合，地层滤失较大，评估净压力 2.76 MPa 较低。

（2）储层天然裂缝或溶洞发育，压裂液滤失严重，造缝效率低，大规模加砂较困难导致地层砂堵。

（3）裂缝闭合压力低，裂缝内支撑剂难以稳定压实，而且陶粒进溶洞无法固砂，后期生产过程易出砂导致卡泵风险，需要对原设计方案进行调整。

（4）根据小型压裂测试情况调整主压裂设计，泵入程序如表 6 - 3 所示。

表 6 - 3　小型压裂后主压裂调整

参数	原设计	方案调整	原因
砂量	10 m³	2.0 m³	液体滤失严重，降低砂量，避免砂堵，地层裂缝发育有效造缝困难不易固砂，易出砂埋裸眼段及抽水泵
液量	322 m³	280 m³	砂量减小对应液量减小，罐体抽空
加砂方式	阶梯增加	段塞式	打磨天然裂缝提高裂缝宽度

2）主压裂施工

（1）主压裂施工曲线如图 6 - 6 所示。

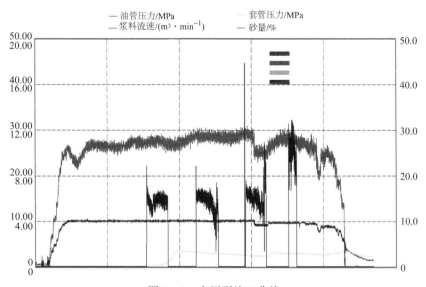

图 6 - 6　主压裂施工曲线

实际施工排量 4 m³/min，施工压力 22～30 MPa，砂比 3%～4%，4 个段塞处理，停泵压力 4 MPa。

根据小型测试后进行主压裂施工调整，质量考核依据小压后实际调整与原方案对比符合（Q/CNPC 25—1999 油水井压裂设计规范），本井调整后地层进液为 283 m³，砂为 2.3 m³，最大施工压力为 30 MPa，符合项目要求。

（2）裂缝尺寸回归。

依据小型压裂测试结果，对地质模型进行调整后，泵入程序进行主压模拟，裂缝长度为 64.30 m，裂缝高度为 131.30 m（3 787.50～3 918.80 m），如需精确掌握裂缝发育情况，建议通过裂缝监测获取，如图 6-7 所示。

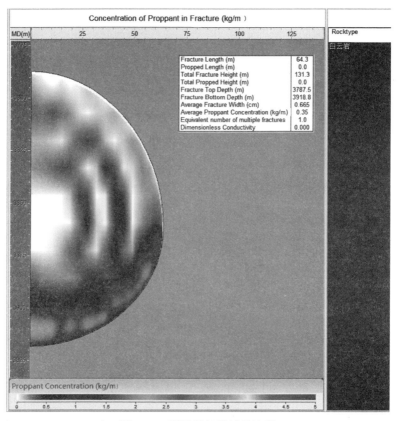

图 6-7　裂缝缝长及铺砂浓度

（3）压裂效果检验。

通过抽水试验数据对比，压裂前后降深由 89.32 m 降至 70.33 m，变化幅度为 18. 99 m；单位涌水量由 0. 185 4 L/（s·m）增至 0. 274 0 L/（s·m），压裂效果较明显。

4. 取得成果

（1）小型压裂用量 35 m³，为保证地层测试效果，避免使用压裂液对地层污染，采用清水进行地层测试，测得地层吸水能力为 0. 426 ~0. 435 m³/（min·MPa）。

（2）小压分析地层闭合（破裂）平均压力为 38. 80 MPa，闭合（破裂）压力梯度为 0. 010 2 MPa/m（异常低），地面闭合压力为 1. 16 MPa，液体造缝有效率低 16. 2%，停泵后地层 2. 8 ~4. 7 min 裂缝闭合，分析认为地层滤失较大。

（3）储层天然裂缝或溶洞发育，压裂液滤失严重，造缝效率低，净压力低，裂缝内支撑剂难以稳定压实固砂，后期生产过程易出砂埋目的层及卡泵风险。

（4）小型测试后确定最终设计，实际进液 283 m³，砂 2. 3 m³，压后工具全部取出。

（5）通过软件模拟，裂缝长度为 64. 3 m，高度为 131. 3 m，宽度为 0. 67 cm，裂缝顶底为 3 787. 5 ~3 918. 8 m。

（6）深层地热井压裂可行、压后效果显著，可为今后地热储层的改造提供借鉴。

6. 4　压裂后抽水试验

本次抽水试验总计时间为 371. 5 h。本次抽水试验采用 200QJR50 - 304/19 型井用潜热水泵进行抽水试验，潜水泵下入深度为 226. 68 m，测管下入深度为 221. 75 m。

6. 4. 1　试抽水试验

1. 试抽水时间

试抽水历时 63. 5 h。通过试抽水，水流清澈，达到进一步洗井、检验设备连续运转情况和初步了解水位、流量之间关系的目的。

水位稳定段历时 10 h；稳定段水位变化幅度为 0.60%，流量变化幅度为 0，满足规范对稳定段的要求，稳定段水位埋深 74.43 m，降深 23.95 m，流量为 18.581 L/s，单位涌水量为 0.775 8 L/(s·m)。

2. 恢复水位观测

停泵后进行静水位观测，历时 68 h，最后 3 h 水位呈锯齿状变化，每小时水位差不超过 10 cm，且已连续观测 3 h，故停止观测，静水位埋深为 45.63 m。

6.4.2　正式抽水试验

本孔进行了正式抽水试验，抽水延续时间为 168 h，采用逆向抽水。具体过程叙述如下：

（1）第一降深点降深 70.33 m，抽水延续时间为 72 h，稳定段为 10 h，稳定段流量为 69.38 m³/h，水位变化幅度为 0.28%。

（2）第二降深点降深 61.42 m，抽水延续时间为 48 h，稳定段为 10 h，稳定段流量为 61.18 m³/h，水位变化幅度为 0.01%。

（3）第三降深点降深 53.32 m，抽水延续时间为 48 h，稳定段为 10 h，稳定段流量为 51.241 m³/h，水位变化幅度为 0.05%。

在抽水稳定段水位变化幅度不大于 1%，流量变化幅度均为 0，符合规范中稳定段要求，可以停止抽水进行恢复水位观测。

6.4.3　恢复水位观测及水温、气温观测

停泵、抽水过程结束后，进行恢复水位的观测，历时 72 h，停止观测，恢复静止水位埋深为 38.48 m，最高热水头埋深为 0.63 m。

本次采用水银温度计观测，每间隔半小时观测一次，与流量、水位观测保持同步，气温观测在空气通畅、背阴的地方进行，满足规范要求。

6.4.4　抽水后探孔及 $Q-S$ 曲线反映情况

抽水结束恢复水位稳定后起泵，进行了钻孔孔深探测，经探孔孔深为 4 025.82 m。

将抽水成果绘制 $Q-S$、$q-s$ 曲线，如图 6-8、图 6-9 所示。

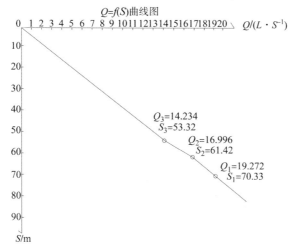

图 6-8 压裂后抽水试验 $Q-S$ 曲线

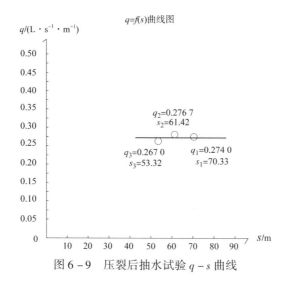

图 6-9 压裂后抽水试验 $q-s$ 曲线

抽水试验成果如表 6-4 所示。

压裂试验后下入了热潜水泵，水位观测工具为测绳、万用表和盒尺，流量观测工具为三角堰流量箱和钢板尺，温度观测工具为水银温度计；抽水期间 $Q-S$ 曲线正常，抽水过程中未发生异常，抽水试验各项观测记录数据齐全可靠。

表 6－4　沧县台拱带干热岩资源预查 GRY1 孔压裂后抽水试验成果

孔深	抽水前/m	4 023.50	含水层	厚度/m	88.00	终孔直径/mm	152
	抽水后/m	4 021.20		埋深/m	3 746.00	抽水段孔径/mm	152

过滤器	直径/mm	—		抽水前静止水位	总延续时间/h	72
	深度/m	—			稳定时间/h	—
	有效长度/m	—			稳定段变幅/(mm·h⁻¹)	—
	滤网规格/(目·in⁻²)	—			静止水位埋深/标高/m	45.63/−28.83
	填料规格/mm	—		抽水后恢复水位	总延续时间/h	72
	填料数量/m	—			稳定时间/h	—
					稳定段变幅/(mm·h⁻¹)	—
	水柱高度/m	3 980.19			静止水位埋深/标高/m	38.48/−21.68

项目		抽水顺序		
		Ⅰ	Ⅱ	Ⅲ
水位降低	S/m	70.33	61.42	53.32
	稳定段误差/%	0.28	0.04	0.04
涌水量	Q/(L·s⁻¹)	19.272	16.996	14.234
	稳定段误差/%	0.34	0.44	0
单位涌水量 q/(L·s⁻¹·m⁻¹)		0.274 0	0.276 7	0.267 0
抽水时间	总延续时间/h	72	48	48
	稳定时间/h	10	10	10
渗透系数 K	采用公式	\multicolumn{3}{c}{$K = \dfrac{0.366Q\,(\lg R - \lg r)}{MS}$}
	计算结果/(m·d⁻¹)	0.337 7	0.335 0	0.316 1
影响半径 R	采用公式	\multicolumn{3}{c}{$R = 10S\sqrt{K}$}
	计算结果 /m	408.70	355.50	299.77
质量评级	优质	取样深度/m	\multicolumn{2}{c}{3 701.16 ~ 4 025.82}
水样种类	\multicolumn{4}{c}{水质全分析样一组，同位素分析样两组，气体组分分析样一组}

6.5　本章小结

（1）通过抽水试验数据对比，压裂前后降深由 89.32 m 降至 70.33 m，变化幅度为 18.99 m；单位涌水量由 0.185 4 L/（s·m）增至 0.274 0 L/（s·m），压裂效果较明显。

（2）小压分析地层闭合（破裂）平均压力为 38.80 MPa，闭合（破裂）压力梯度为 0.010 2 MPa/m（异常低），地面闭合压力为 1.16 MPa，液体造缝有效率低 16.2%，停泵后地层 2.8~4.7 min 裂缝闭合，分析地层滤失较大。

（3）在实际进行地下水资源评价和数值模拟时，最好用多种方法计算抽水试验参数，合理、科学地选取参数值。

7

深部热储
成藏模式

地热田成藏机制包括地热热源、导热通道、热储层、热储盖层和地热流体补径排条件 5 个地质要素，是丰富地热资源成藏的先决地质条件。

7.1 热源条件

通过研究总结以往地热地质成果，并结合本次 GRY1 号孔施工过程中获取的各项物性参数，总结分析后确定献县地热田为传导型地热系统，地下热源主要来自地幔供热及放射性元素衰变生热。

7.1.1 地幔供热

区域大地热流是本区的恒定热源，在地壳深部热流呈平均分布，当热流进入地壳上部后，在基岩凸起与凹陷构造格局的制约下，热流重新分配布局。在正向构造与负向构造的交接转换部位，热流方向发生偏转，不再保持垂向转移，而是由凹陷区向凸起区转移。

　　研究区位于沧县台拱带内，为上地幔隆起区，如图7－1所示；康氏面埋深18 km；莫霍面埋深30 km，其形态为北东向凹凸相间分布，因此，研究区内康氏界面埋深较浅，在基岩凸起部位均有地热异常显示。高地幔大地热流是献县地热田高温地温场及地热资源丰富的主要原因之一。

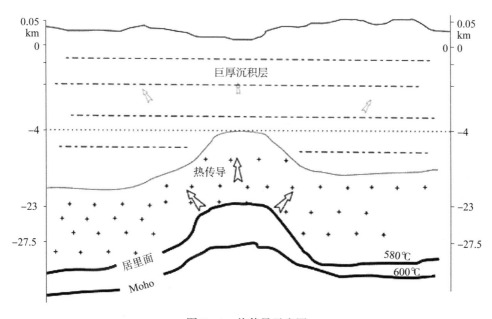

图7－1　热传导示意图

7.1.2　放射性元素衰变生热

　　由变质岩构成的结晶基底，其放射性元素储量一般高于上覆沉积盖层，放射性元素衰变生热可为基底隆起部位提供更多的附加热源，另外，古老的结晶基底致密岩石导热性能优于低密度的沉积盖层，这就促使更多的热流集中于基底抬高部位，反映至地面则形成地热异常区。

7.2 盖层条件

区内热储盖层由新生界第四系构成，为一套以河流相、湖相为主，兼有湖沼相和海相成因的松散沉积物，其岩性由黏土、亚黏土、亚砂土与粉砂、细砂组成，不等厚交互沉积。地层机构松散—疏松，孔隙度大，底部黏土层较厚，导热性能差。根据 GRY1 号井地层揭露情况可知，第四系厚度为 503.96 m，厚度适中，具有良好的保温隔热作用，是理想的区域热储盖层。

7.3 热储条件

根据周边 23 口地热井地质勘查报告及 GRY1 号孔获取的地热地质信息可知，本区自上而下可分为两个热储层，即上新近系明化镇组孔隙型热储层及中上元古界–中远古界基岩裂隙型热储层。

7.3.1 明化镇组热储层

以第四系地层为盖层，热储内及下伏地层热能不易散发，且各含水层之间水力联系微弱。其中明化镇组上段砂层最大厚度为 25 m，砂厚比为 30% ~ 40%，孔隙度大于 30%，具有良好的富水性及渗透性，井口水温可达 50 ℃以上，水量大于 1 200 m³/d。明化镇组下段砂层厚度为 3 ~ 5 m，最大厚度为 14 m，砂厚比20%，孔隙度为 23% ~ 27%，仅个别层可达 30% 以上，发育具有不均一性，厚度薄，连通性差，单独成井水量较小。

7.3.2 基岩热储层

其盖层主要由第四系平原组和新近系明化镇组地层构成，沉积了较厚的黏土、泥岩夹砂岩为主的河湖相沉积物，厚度大，分布广泛，结构较为松散，孔隙发育，导热性差，具有良好的隔热保温作用。基岩热储层为中上元古界蓟县雾迷山组及中远古界长城系高于庄组基岩裂隙型热储层。

上部雾迷山组热储顶部曾长期裸露地表遭受风化剥蚀及溶蚀，孔、洞十分发育。GRY1 号孔钻遇该热储层地层时曾发生多次泥浆大量漏失现象，证明了该热储层内裂隙发育、连通较好、富水性好的特点，是献县地热田开发利用率最高的基岩热储层。

下部长城系高于庄组热储层，与上部蓟县系雾迷山组地层呈整合接触关系，具有温度高、水量大的特点，但由于埋藏深、开采难度大的特点，目前仅有 GRY1 号井揭露了该热储层，长城系热储层为献县地热田现有温度最高且最具开发潜力的基岩热储层。

7.4 地热流体通道条件及补径排条件

研究区内构造发育，以北东及北北东向断裂构造为主，包括沧东断裂、献县断裂、无极—衡水大断裂等，深大断裂控制着区内的构造格局并连通着地壳地幔处深部热源与上部各热储层，为献县地热田深部热能向上运移提供了良好的传递通道。

根据本次 GRY1 号井水样氘、氧同位素检测结果显示（$\delta D_{v-SMOW}(‰) = -70‰$；$\delta^{18}O_{v-SMOW}(‰) = -7.2‰$），本区地热水为古大气降水经溶滤作用形成的古埋藏水，基岩热储层补给水来源甚微，为封闭消耗性地下水。地下热水的径流与排泄受基地构造和古地形地貌及各隔水层的控制，径流缓慢，明化镇组热储与基岩热储之间水力联系极弱，地热水的排泄方式主要为人工开采。

综上所述，GRY1 号井施工的献县地热田具备良好的地热热源、导热通道、热储层、热储盖层和地热流体补径排条件，具备地热田成藏的地质要素，由下至上形成了完整的地热田成藏机制，开发潜力巨大。成藏机制如图 7 - 2 所示。

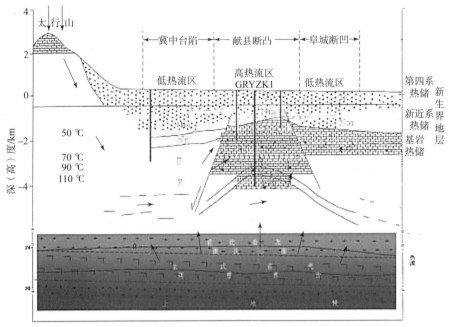

图 7-2　成藏机制剖面示意图

7.5　本章小结

（1）通过研究以往地热地质成果并结合本次 GRY1 号孔施工过程中获取的各项物性参数，总结分析后确定献县地热田为传导型地热系统，地下热源主要来自地幔供热及放射性元素衰变生热。

（2）研究区内康氏界面埋深较浅，在基岩凸起部位均有地热异常显示。高地幔大地热流是献县地热田高温地温场及地热资源丰富的主要原因之一，放射性元素衰变生热可为基底隆起部位提供更多的附加热源。另外，古老的结晶基底致密岩石的导热性能优于低密度的沉积盖层，这就促使更多的热流集中于基底抬高部位，反映至地面则形成地热异常区。

（3）GRY1 号井施工的献县地热田具备良好的地热热源、导热通道、热储层、热储盖层、地热流体补径排条件，具备地热田成藏的地质要素，由下至上形成了完整的地热田成藏机制，开发潜力巨大。

8

深部热储预测及其
合理开发利用

深部地热资源储量的计算，对于有效评价和合理开发利用研究区水热型地热资源和潜在干热岩资源具有重要意义，以沧县台拱带深部热储层为例，利用分区、分层和分段计算的研究方法，分别对 4 km 以浅的古生界寒武系—奥陶系、蓟县系雾迷山组和 GRY1 号钻孔长城系高于庄组热储资源量进行了估算，也对干热岩资源潜力进行了分析，在此基础上合理阐明了深部地热资源开发利用的前景，并提出了其地热资源综合利用的模式。研究区地热田 4 km 以浅地热资源量折合标准煤为 102 亿 t，10 km 以浅干热岩资源量折合标准煤为 3 710 亿 t。其计算结果表明，在不同区块和不同层段，地热资源的赋存量差异较大，且深度越大，地热资源越丰富。

深部可采或潜在地热资源的研究，对其合理评价和寻找大规模替代能源具有战略性意义。在对深部地热异常区应用热储法进行计算评价方面，许多国内外专家学者做了大量的研究分析工作，应用不同的地热资源量计算公式，并结合区内地层的地温梯度，全面而系统地评价地热异常区的热储资源赋存情况。

以往的深部地热资源储量计算主要集中在地层浅部，评价深度一般在3 km 以内，而本次 GRY1 号钻孔揭露了长城系高于庄组地层，终孔深度达到 4 025.82 m，准确获取了孔底的一系列物性参数和测井数据，在此基础上对研究区进行分区和分层段，并结合具体深度的实地钻孔测温和区内地温梯度，研究分析更深部地热资源的分布情况和热储的赋存状态。通过对研究区内按 4×4 km 进行分区，分别对 4 km 以浅的古生界寒武系—奥陶系、蓟县系雾迷山组和长城系高于庄组水热型地热资源量进行了计算，计算结果具有较高的开发利用价值。沧县台拱带位于河北省中部平原，属于地热异常区，进一步根据深部温度推算的结果，合理分析了研究区内 6~10 km 干热岩资源的潜力，本次采用体积法预测干热岩资源量，将研究区内 6~10 km 地层垂向上以每 1 km 厚度划分为 5 个评价层来计算更深部地热资源量。这些评价工作为下一步其地热资源的研究和开发利用提供一定的数据支撑和理论依据，也对华北地区更深部地热资源的评价具有一定的参考意义。

8.1 研究区水热型地热资源量估算

8.1.1 研究区地热资源类型划分

地热资源类型不同，其计算方法也不相同。目前我国已发现的地热资源类型大致有：沉积盆地型、断裂（裂隙）型和近期岩浆岩活动型三种类型。根据献县地热田范围内已有地质地热资料、地热勘查报告及本次 GRY1 号孔地质数据可知，研究区所属的献县地热田属沉积盆地型地热资源类型。

8.1.2 研究区深部地热资源量估算

依据《地热资源评价方法》（DZ 40—1985）及有关地热资源评价方法的研究资料，本次工作采用"热储法"进行资源量评价。

地热资源量计算如下：

$$Q = Q_r + Q_w \tag{8.1}$$

$$Q_r = Ad\rho_r c_r (1-\phi)(t_r - t_0)$$

$$Q_L = Q_1 + Q_2$$

$$Q_1 = A\psi d$$

$$Q_2 = ASH$$

$$Q_w = Q_L c_w \rho_w (t_r - t_0)$$

式中：Q——热储中储存的热量，单位为 J；

　　　Q_r——岩石中储存的热量，单位为 J；

　　　Q_L——热储中储存的水量，单位为 m^3；

　　　Q_1——截止到计算时刻，热储孔隙中热水的静储量，单位为 m^3；

　　　Q_2——热储的弹性储存量，单位为 m^3；

　　　Q_w——水中储存的热量，单位为 J；

　　　A——计算区面积，单位为 m^2；

　　　D——热储厚度，单位为 m；

　　　ρ_r——热储岩石密度，单位为 kg/m^3；

　　　c_r——热储岩石比热，单位为 $J/(kg \cdot \text{℃})$；

　　　ϕ——热储岩石的孔隙度，量纲为 1；

　　　t_r——热储温度，单位为 ℃；

　　　t_0——排水弃水温度，取 30 ℃；

　　　ρ_w——地下热水密度，单位为 kg/m^3；

　　　S——弹性释水系数，量纲为 1；

　　　H——计算起始点以上的高度，单位为 m；

　　　c_w——水的比热，单位为 $J/(kg \cdot \text{℃})$。

8.1.3　研究区 4 km 以浅热储资源量估算

本次对 4 km 以浅古生界寒武系—奥陶系、蓟县系雾迷山组、长城系高于庄组热储进行估算，寒武系—奥陶系储厚比采用 15%，蓟县系雾迷山组、长城系高于庄组热储储厚比采用 25%。

1. 计算方法的确定

研究区内按 4×4 km 进行分区计算。

2. 蓟县雾迷山组、高于庄组热储

1）热储厚度

在研究区内选择 14 个代表性地热井，按区域资料推测蓟县系雾迷山组地层埋深，在 4×4 km 进行分区计算，地热井热储厚度如表 8-1 所示。

表 8-1 研究区内地热井 4 km 以浅蓟县雾迷山组、高于庄组热储的热储厚度一览表

序号	地热井名称	见基岩层位	终孔层位	雾迷山组顶界埋深/m	4 km 以浅热储厚度/m	4 km 热储温度/℃
1	鑫热 1 井	C+P	C+P	3 949.30	50.70	97.00
2	GRY-1	Jxw	Chg	1 326.60	2 673.40	106.60
3	赵庄地热井	Jxw	Jxw	1 196.00	2 804.00	108.90
4	振江小区地热井	C+P	C+P	3 305.80	694.20	99.20
5	银都	Jxw	Jxw	1 519.50	2 480.50	119.30
6	景龙热 15 井	C+P	C+P	4 175.40	0	93.60
7	吴桥连城水岸	Ng	Ng	4 128.30	0	104.70
8	景县 4	∈	O	4 076.30	0	105.40
9	9901	C+P	O	2 951.00	1 049.00	98.90
10	同聚祥井	O	O	3 073.40	926.60	93.10
11	青热 4	C+P	C+P	3 279.30	720.70	99.60
12	大热一井	∈	O	3 178.00	0	109.90
13	热 1 孔	C+P	C+P	4 006.30	0	101.70
14	阜热 1	Ng	Ng	4 598.49	0	102.50

2）岩石密度

本次进行了 20 组岩矿样的测试，采用实测值的平均值为 2 785 kg/m³。实测值如表 8-2 所示。

3）热水密度

本次采用经验数字 0.958 37 g/cm³。

4）孔隙度

本次采用 GRY1 号钻孔基岩段实测孔隙度，为 2.005%。

5）弹性释水系数（S）

本次采用《河北省地热资源调查评价与开发区划报告》中的经验数字 3.33×10^{-5}。

表 8 - 2 GRY1 号钻孔岩矿样密度实测值一览表

序号	样品编号	密度/$(g \cdot cm^{-3})$	序号	样品编号	密度/$(g \cdot cm^{-3})$
1	GRY1 - 1 - 2	2.832 5	11	GRY1 - 9 - 1 - 2	2.784 9
2	GRY1 - 2 - 2	2.796 1	12	GRY1 - 9 - 2 - 2	2.810 9
3	GRY1 - 3 - 2	2.765 1	13	GRY1 - 9 - 3 - 2	2.771
4	GRY1 - 4 - 2	2.781 1	14	GRY1 - 10 - 1 - 2	2.902
5	GRY1 - 5 - 2	2.774 2	15	GRY1 - 10 - 2	2.790 3
6	GRY1 - 6 - 1 - 2	2.763 5	16	GRY1 - 10 - 2 - 2	2.708
7	GRY1 - 6 - 2 - 2	2.793 9	17	GRY1 - 11 - 1 - 2	2.753
8	GRY1 - 7 - 2	2.801 4	18	GRY1 - 11 - 2	2.711 3
9	GRY1 - 8 - 2	2.810 2	19	GRY1 - 12 - 1 - 2	2.817
10	GRY1 - 13 - 2	2.891	20	GRY1 - 15 - 2	2.642

6）岩石比热

采用 GRY1 号钻孔实测值 1 081 J/(kg·℃)。

7）水的比热

采用经验数字 4.2×10^3 J/(kg·℃)。

8）地热资源量

采用热储法进行分区计算，研究区 4 km 以浅蓟县雾迷山组、高于庄组热储地热资源量为 5.32×10^{20} J，折合标准煤 181 亿 t，如图 8 - 1 所示。

9）地热资源可开采量

地热资源可开采量即可利用地热资源量，可利用地热资源量采用回收率法进行计算，计算如下：

$$Q_{wh} = RE \cdot Q \qquad (8.2)$$

式中：Q_{wh}——地热资源可开采量，单位为 J；

RE——回收率；

Q——地热资源量，单位为 J。

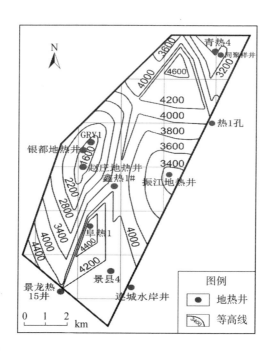

图 8 - 1　研究区 4 km 以浅蓟县雾迷山组、高于庄组热储地热资源量分块估算

回收率根据研究区的实际情况，参考《地热资源评价方法》（DZ 40—1985）关于回收率的有关规定确定。对于大型沉积盆地碳酸盐岩裂隙热储定为 0.15。

地热资源可开采量为 0.80×10^{20} J，折合标准煤 27 亿 t。

8.1.4　寒武系—奥陶系热储及献县地热资源量计算

1. 寒武系—奥陶系热储

参数的选取如表 8 - 3 所示。

表 8 - 3　寒武系—奥陶系热储地热资源量计算参数

代号（单位）	数值	代号（参数）	数值（单位）
$\rho_r/(\text{kg} \cdot \text{m}^{-3})$	2 700	S（弹性释水系数）	2.24×10^{-5}
$c_r/(\text{J} \cdot \text{kg}^{-1} \cdot \text{℃}^{-1})$	920	$c_w/(\text{J} \cdot \text{kg}^{-1} \cdot \text{℃}^{-1})$	42 000
ϕ	0.017 66	$\rho_w/(\text{kg} \cdot \text{m}^{-3})$	依据地热资源勘查规范不同温度下对应密度

代号（单位）	数值	代号（参数）	数值（单位）
地热流体开采系数	0.05	地热资源可采系数	0.15
储厚比	0.15	—	—

通过计算，研究区内寒武—奥陶系热储地热资源量为 1.17×10^{20} J，折合标准煤 3.99×10^9 t；可采资源量为 1.75×10^{19} J，折合标准煤 5.97 亿 t；地热流体静储量为 1.75×10^{10} m^3，地热流体可采资源量为 8.75×10^8 m^3。

2. 献县地热田地热资源量计算

献县地热田面积约 719.06 km^2，按照上述分区计算的方法，储厚比采用 25%。献县地热田 4 km 以浅雾迷山组、高于庄组热储地热资源量为 3.00×10^{20} J，折合标准煤 102 亿 t。

8.1.5 GRY1 号钻孔高于庄组热储资源量计算

1. 水位降深 20 m 的单井涌水量

根据 GRY1 号孔压裂试验后的抽水试验，对 $Q = f(S)$ 曲线进行拟合，确立 $Q = f(S)$ 曲线类型为直线型，可用内插法初步确定该孔地热井可开采量，其水流方程为

$$Q = 0.295\ 5S - 1.395\ 5 \tag{8.3}$$

式中：Q——涌水量，单位为 L/s；

　　　S——降深，单位为 m。

取降深 $S = 20$ m，代入得 $Q = 16.25$ m^3/h，390.00 m^3/d，5.93×10^3 m^3/a。

2. 单孔控制面积 30 km^2 范围内的地热资源量参数（见表 8-4）

1）地热资源量

采用热储法进行计算，GRY1 号钻孔 30 km^2 范围内地热资源量为 2.74×10^{18} J，折合标准煤 9 354 万 t。

其中：Q_L（流体存储量）为 1.75×10^8 m^3。

表 8 – 4　GRY1 号钻孔地热资源量计算参数

代号（参数）	数值（单位）	参数代号	数值（单位）
ϕ（孔隙度）	1.766（%）	ρ_w（地热水密度）	958.37（$kg \cdot m^{-3}$）
A（热储层面积）	30 000 000（m^2）	c_r（热储岩石比热）	1 081 [$J \cdot (kg \cdot \text{℃})^{-1}$]
t_0（排水弃水温度）	30（℃）	d（热储厚度）	324.66（m）
t_r（热储温度）	107.56（℃）	c_w（水的比热）	4.2×10^3 [$J \cdot (kg \cdot \text{℃})^{-1}$]
ρ_r（热储层岩石密度）	2 783（$kg \cdot m^{-3}$）		

参数采用说明：孔隙度、密度、岩石比热均采用高于庄组热储实测值的平均值。

按照《地热资源地质勘查规范》（GB/T 11615—2010），献县地热田属于层状热储，分布面广，岩性厚度呈规则变化，构造条件简单，单孔控制面积为 20 ~ 30 km²，本次计算采用 30 km²。

2）地热流体可开采量

本次采用可采系数法计算如下：

$$Q_{wk} = Q_L \cdot X \qquad (8.4)$$

式中：Q_L——地热流体存储量，单位为 m³；

　　　X——可采量系数，岩溶型层状热储层，X 取值 5%（100 年），即 0.000 5（每年）。

地热流体年开采量为 $Q_{wk} = 8.77 \times 10^4$ m³/a。

3）地热流体可开采热量

地热流体可开采热量计算如下：

$$Q_p = Q_{wk} c_w \rho_w (T_1 - T_0) \qquad (8.5)$$

式中：Q_p——地热流体可开采热量，单位为 J/a；

　　　c_w——地热流体的比热，单位为 J/（kg · ℃），依地热水比热 4 200 J/（kg · ℃）；

　　　ρ_w——地热流体的密度，单位为 kg/m³；

　　　T_1——热储温度，单位为℃，依 GRY1 号孔孔底温度为 107.56 ℃；

　　　T_0——弃水温度，为 25 ℃。

计算得，GRY1 孔控制区域单井地热流体可开采热量为 3.27×10^{13} J/a，折合标准煤 1 116 t/年。

4）考虑回灌条件下地热流体可开采量

对于盆地型地热田，按回灌条件下开采 100 年，消耗 15% 的地热储量，根据热量平衡计算影响半径和允许开采量如下：

$$R = \sqrt{1 - \alpha\beta} \times \sqrt{\frac{Q_{抽}tf}{0.15H\pi}} \qquad (8.6)$$

$$f = \frac{\rho_w c_w}{\rho_e c_e}$$

$$\rho_e c_e = \varphi\rho_w c_w + (1 - \varphi)\rho_r c_r$$

$$\alpha = \frac{Q_{回灌}}{Q_{抽}}$$

$$\beta = \frac{T_2 - T_0}{T_1 - T_0}$$

$$Q_{允} = \frac{AQ_{抽}}{\pi R^2} = \frac{0.15AH}{(1 - \alpha\beta)tf}$$

式中：R——回灌条件下的影响半径，单位为 m；

ρ_w，ρ_r——热储水的密度、岩石的密度，单位为 kg/m³，取值同上；

c_w，c_r——热储水的比热、岩石的比热，单位为 kJ/(kg·℃)，取值同上；

φ——热储岩石孔隙度，量纲为 1，取值同上；

t——时间，取 100 年，36 500 d；

$Q_{抽}$——20 m 水位降深时，单井涌水量，单位为 m³/d，依实际抽水曲线得 20 m 水位降深时单井涌水量为 17.8 L/s，即 64.08 m³/d；

$Q_{回灌}$——回灌量，单位为 m³/d；

T_1——热储温度，单位为℃；

T_2——回灌温度，取 25 ℃；

T_0——恒温层温度，取 15 ℃；

α——回灌率，考虑热储岩性、孔隙裂隙发育情况，孔隙型层状热储层取 30%、岩溶型层状热储层取 90%、裂隙型层状热储层取 50%，由于 GRY - 1 中热储层位为岩溶型层状热储，因此取 α 为 90%；

$Q_{允}$——回灌条件下允许开采量，单位为 m³/d；

A——评价面积，单位为 m²，以 3.0×10^7 m² 计；

H——热储层厚度，单位为 m。

计算得回灌条件下允许开采量为 $Q_允 = 1.22 \times 10^7 \text{ m}^3/\text{a}$，回灌条件下的影响半径为 135.61 m。

5）考虑回灌条件下地热流体可开采热量

$$Q_{允p} = Q_允 c_w \rho_w (T_1 - T_0) \qquad (8.7)$$

式中：$Q_{允p}$——地热流体可开采热量，单位为 J/d；

c_w——地热流体的比热，单位为 J/(kg·℃)，地热水比热 4 200 J/(kg·℃)；

ρ_w——地热流体的密度，单位为 kg/m³，采用经验数字 958.37 kg/m³；

T_1——热储温度，单位为℃，依 GRY1 号孔孔底温度为 107.56 ℃；

T_0——弃水温度为 30 ℃。

计算得 GRY1 孔控制区域考虑回灌条件下单井地热流体可开采热量为 4.53×10^{15} J/a，折合标准煤 16 万 t/a。

8.1.6　研究区深部地热资源评价

综合分析，研究区深部地热资源为深部岩溶热水资源，利用热储层为蓟县系雾迷山组及长城系高于庄组热储层，岩石裂隙发育，岩性以白云岩为主。研究区 6 396 km² 范围内 4 km 以浅热储可采资源量折合标准煤 27 亿 t；GRY1 号钻孔控制范围内（30 km²）高于庄组热储地热资源量折合标准煤 9 354 万 t，每年可开采水量 87 700 m³，考虑回灌情况下，每年允许可采水量 1 220 万 m³，储层内地热流体具有温度高（100 ℃以上）、储量大的特点，具有很高的地热利用前景。

▧ 8.2　干热岩资源潜力分析

8.2.1　干热岩评价方法

根据深部温度推算，研究区内 5 km 处仅零星分布大于 150 ℃范围，因此本次计算深度为 6~10 km，进行分层计算。

在研究区内按 4 × 4 km 生成若干小栅格元，按栅格元大小将研究区内 6 ~ 10 km 地层分为若干柱状长方体，分别计算柱状体每层的资源量，逐层求和之后即该柱状体内的深部地热资源量，如图 8 - 2 所示。

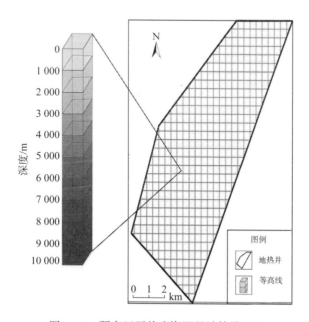

图 8 - 2　研究区干热岩资源量计算模型图

垂向上以 1 000 m 厚度作为一个评价层，将 6 ~ 10 km 深度划分为 5 个评价层，平面上将研究区划分为 468 个 4 × 4 km 的单元格，每个单元格内取相同的参数值。

8.2.2　干热岩资源量计算方法

本次采用体积法预测干热岩资源量，体积法公式如下：

$$Q = \sum_D Q_i = \sum_D \left(\sum_{j=1}^{k} Q_{ij} \right) \tag{8.8}$$

$$Q_{ij} = \rho (1-n) C \cdot V (T - T_0)$$

式中：Q——干热岩资源量，单位为 J；

　　　V——地层体积，单位为 km³；

　　　D——单位栅格中干热岩赋存面积，单位为 km²；

Q_i——第 i 个栅格元的地热资源量；

Q_{ij}——第 i 个栅格元所在的柱状体第 j 层的干热岩资源量；

K——柱状长方体的层数；

ρ——岩石密度，单位为 kg/km³；

C——岩石比热容，单位为 J/(kg·K)；

T——所计算深度的岩石的温度，单位为℃；

T_0——恒温带温度，单位为℃。

8.2.3　干热岩资源量计算结果

1. 5~6 km 干热岩资源量估算

研究区内 6 000 m 以浅，干热岩资源量计算结果如表 8-5 所示，干热岩资源量为 4.72×10^{20} J，折合标准煤为 161 亿 t。

具体分布情况如图 8-3 所示。

表 8-5　研究区 5~6 km 干热岩资源量估算表

温度区间/℃	对应面积/km²	资源量 Q/J
150~160	958.83	$2.964\,74 \times 10^{20}$
160 以上	528.83	$1.751\,96 \times 10^{20}$
合计	—	$4.716\,7 \times 10^{20}$

2. 6~7 km 干热岩资源量估算

研究区内 6~7 km 深度，干热岩资源量计算结果如表 8-6 所示，干热岩资源量为 1.58×10^{21} J，折合标准煤为 538 亿 t。

分布范围如图 8-4 所示。

3. 7~8 km 干热岩资源量估算

研究区内 7~8 km 深度，干热岩资源量计算结果如表 8-7 所示，干热岩资源量为 2.52×10^{21} J，折合标准煤为 861 亿 t。

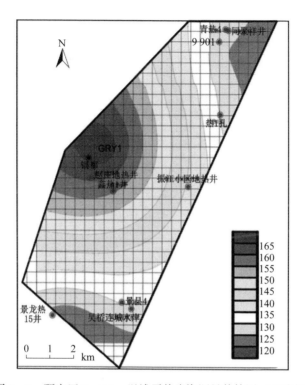

图 8 - 3 研究区 5 ~ 6 km 以浅干热岩资源量估算图（见彩插）

表 8 - 6 6 ~ 7 km 干热岩资源量估算表

温度区间/℃	对应面积/km²	资源量 Q/J
155	1 548.20	$4.787\ 16 \times 10^{20}$
165	1 156.10	$3.830\ 14 \times 10^{20}$
175	775.21	$2.739\ 41 \times 10^{20}$
185	515.58	$1.935\ 81 \times 10^{20}$
195	370.24	$1.471\ 88 \times 10^{20}$
205	237.26	$9.956\ 24 \times 10^{20}$
合计	—	1.58×10^{21}

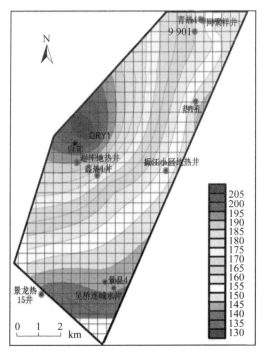

图 8 - 4 研究区 6~7 km 以浅干热岩资源量估算图（见彩插）

表 8 - 7 研究区 7~8 km 干热岩资源量估算表

温度区间/℃	对应面积/km²	资源量 Q/J
165	379.60	$1.257\ 58 \times 10^{20}$
175	781.92	$2.763\ 12 \times 10^{20}$
185	1 418.80	$5.327\ 09 \times 10^{20}$
195	1 160.70	$4.614\ 22 \times 10^{20}$
205	928.90	$3.897\ 98 \times 10^{20}$
215	637.42	$2.815\ 61 \times 10^{20}$
225	433.72	$2.011\ 62 \times 10^{20}$
235	323.57	$1.572\ 2 \times 10^{20}$
245	190.83	$9.693\ 74 \times 10^{20}$
合计	—	2.52×10^{21}

分布范围如图 8 - 5 所示。

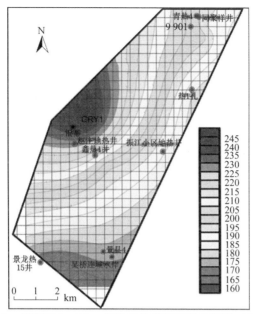

图 8 – 5　研究区 7 ~ 8 km 以浅干热岩资源量估算图（见彩插）

4. 8 ~ 9 km 干热岩资源量估算

研究区内 8 ~ 9 km 深度，干热岩资源量计算结果如表 8 – 8 所示，干热岩资源量为 2.75×10^{21} J，折合标准煤为 937 亿 t。

表 8 – 8　研究区 8 ~ 9 km 干热岩资源量估算表

温度区间/℃	对应面积/km²	资源量 Q/J
200	7.60	$3.105\ 29 \times 10^{18}$
205	387.21	$1.624\ 86 \times 10^{20}$
215	842.82	$3.722\ 9 \times 10^{20}$
225	1 419.80	$6.584\ 98 \times 10^{20}$
235	1 131.50	$5.498\ 01 \times 10^{20}$
245	901.14	$4.577\ 59 \times 10^{20}$
255	61.40	$3.254\ 59 \times 10^{19}$
265	418.85	$2.312\ 68 \times 10^{20}$
275	316.12	$1.815\ 27 \times 10^{20}$
285	160.86	$9.592\ 44 \times 10^{19}$
合计	—	2.75×10^{21}

分布范围如图 8 −6 所示。

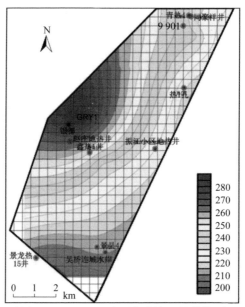

图 8 −6　研究区 8 ~9 km 以浅干热岩资源量估算图（见彩插）

5. 9 ~10 km 干热岩资源量估算

研究区内 9 ~10 km 深度，干热岩资源量计算结果如表 8 −9 所示，干热岩资源量为 3.56×10^{21} J，折合标准煤为 121 亿 t。

表 8 −9　研究区 9 ~10 km 干热岩资源量估算表

温度区间/℃	对应面积/km²	资源量 Q/J
240	2.48	1.2319×10^{19}
245	423.92	2.1534×10^{20}
255	922.79	4.8914×10^{20}
265	1 411.00	7.7907×10^{20}
275	1 109.70	6.3723×10^{20}

续表

温度区间/℃	对应面积/km²	资源量 Q/J
285	870.25	5.1895×10^{20}
295	586.78	3.6287×10^{20}
305	405.12	2.5948×10^{20}
315	308.03	2.0409×10^{20}
325	113.85	7.7949×10^{19}
合计	—	3.56×10^{21}

分布范围如图8-7所示。

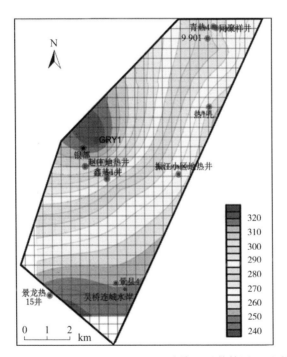

图8-7　研究区9~10 km以浅干热岩资源量估算图（见彩插）

综上所述，研究区6 km以浅干热岩资源量为 4.72×10^{20} J，折合标准煤为161亿 t。10 km以浅干热岩资源量折合标准煤为3 710亿 t，如果开采2%，折合标准煤74.20亿 t，具体资源量如表8-10所示。

表 8 - 10　研究区 10 km 以浅干热岩资源量估算表

估算深度/km	资源量 $Q/(10^{21}$ J$)$	折合标准煤/亿 t
5 ~ 6	0.47	161
6 ~ 7	1.58	538
7 ~ 8	2.52	861
8 ~ 9	2.75	937
9 ~ 10	3.56	1 213
合计	10.88	3 710

8.3　深部地热资源开发利用前景

目前，我国对地热资源的开发利用和管理尚处于自发分散的粗放阶段，存在许多问题。据统计，在全国范围内的几千眼地热井中，可用于发电的中低温地热井，仅有丰顺县长期运行，其他多用于供热。粗放式开发导致地热利用率低，造成资源的极大浪费。

利用中高温热水发电，发电尾水供暖、养殖、种植，梯级利用尾水回灌，把地热能利用率提高到 90%，是现代地热利用的理想目标；如何实现这个目标，需要建立示范工程，开展综合研究，破解地热能发展瓶颈，推动地热资源规模化开发利用。

献县地热田位于研究区西部，是京津冀地区重要的地热田之一，尤其是深部岩溶地热资源是该区域最具潜力的地热资源之一。根据 GRY1 号钻孔抽水试验资料，3 701.16 ~ 4 025.82 m 含水层段出口水温 103.50 ℃，估算求得本区基岩利用段热储地热资源量为 1.27×10^{18} J，相当于标准煤 4 335 万 t，利用前景广阔，将此资源进行梯级利用，会在很大程度上加快地方经济的发展。

8.3.1　地热资源综合利用模式

1. 地热发电

根据开采井抽水试验数据和发电机组性能，科学计算可发电量，初步规划建立 450 kW·h 装机容量发电机组，原理是将温度 103.50 ℃，200 t/h（考虑回灌条件）的热水引入螺杆膨胀发电机组。机组蒸发器中的液态有机工质通过吸收热水的热量后转变为高温高压的气态工质，气态工质进入螺杆膨胀机后进行膨胀做功，进而带动发电机旋转做功，实现电能输出。

做功后的气态低温低压工质，排出膨胀机进入冷凝器，经冷凝成为液态，通过工质泵再次进入蒸发器，如此往复循环，实现从热水的热能转化为电能输出。

通过对研究区内高于庄组地热资源开发利用前景的分析，结果显示，考虑回灌条件下，可采深部高于庄组水热型地热资源量为 200 m³/h（理论计算考虑回灌可达 1 500 m³/h）。地热流体入口温度为 103.50 ℃，发电后排出温度为 79 ℃。发电能力可达 450 kW·h，年发电量 360 万度。

考虑回灌条件下，取得的生态效益如表 8 – 11 所示。

表 8 – 11 考虑回灌条件下生态效益

项目	二氧化碳	二氧化硫	氮氧化物	悬浮质粉尘	煤灰渣
计算式	(1) = 2.386M	(2) = 1.7%M	(3) = 0.6%M	(4) = 0.8%M	(5) = 0.1%M
减排量/(t·a^{-1})	3 092.256	22.032	7.776	10.368	1.296
治理费用/(元·kg^{-1})	0.1	1.1	2.4	0.8	运输费
节省治理费用/(元·a^{-1})	309 225.6	24 235.2	18 662.4	8 294.4	——

注：M 为项目地热水开采量代替电煤的量。

2. 地热供暖

利用地热发电尾水，开展地热供暖，应用地板辐射采暖技术。

根据地热地质资料和发电尾水技术，预期本项目供暖面积 11.2 万 m²。

3. 地热种植

开展地热温室种植研究与示范，开展地热控制室内温度、干湿度等技术研究。

4. 地热养殖

开展热带鱼养殖，包括观赏鱼、食用鱼等。

5. 地热工业化利用

利用地热尾水较高温度，为本地方便面加工等企业提供蔬菜烘干服务。

6. 地热旅游、疗养

根据地热水中医疗价值高的元素，建设地热疗养中心，同时建设地热游乐场，并结合地热发电、种植、养殖等，发展地热工业、种植、养殖、游乐一体化旅游项目。深部地热资源梯级利用模式如图8-8所示，地热资源综合利用模式如图8-9所示。

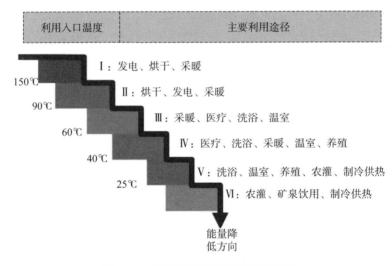

图8-8　深部地热资源梯级利用模式

8.3.2　地热流体质量评价

依据中华人民共和国国家标准《地下水质量标准》（GB/T 14848—1993），本次以GRY1号孔长城系高于庄组热储层压裂试验前所采水样化验结果进行，采用综合指数评分法分别对山区和各热储层地热水进行评价。

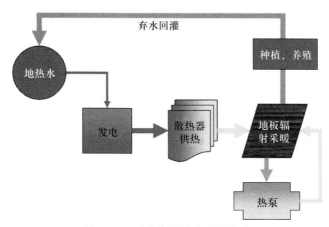

图 8 - 9　地热资源综合利用模式

评价标准如下：

《地下水质量标准》（GB/T 14848—1994）、《生活饮用水卫生标准》（GB 5749—2006）、《饮用天然矿泉水标准》（GB 8537—2008）、《理疗热矿水水质标准》（GB 11615—2010）、《渔业水质标准》（GB 11607—1989）、《农田灌溉水质标准》（GB 5084—2005）。

首先进行单项组分评价，划分组分所属质量类别。按规定确定单项组分评价分值 F_i 如表 8 - 12 所示。

表 8 - 12　地下水质量类别评价表

类别	I	II	III	IV	V
F_i	0	1	3	6	10

综合评价分值 F 计算如下：

$$F = \sqrt{\frac{\overline{F}^2 + F_{max}^2}{2}} \tag{8.9}$$

$$\overline{F} = \frac{1}{n}\sum_{n=1}^{n} F_i$$

式中：F——各单项组分评分值 F_i 的平均值；

F_{max}——单项组分评分值 F_i 中的最大值；

n——项数。

根据 F 值，按表 8 – 13 划分 GRY1 号井地下水质量级别，依据表 8 – 14 对本次地下水进行评价。

表 8 – 13　地下水质量分类指标表

类别 标准值 项目	I 类	II 类	III 类	IV 类	V 类
色度	≤5	≤5	≤15	≤25	>25
嗅和味	无	无	无	无	有
浑浊度	≤3	≤3	≤3	≤10	>10
pH	6.5 ~ 8.5			5.5 ~ 6.5, 8.5 ~ 9	<5.5, >9
总硬度/$(mg \cdot L^{-1})$ （以 $CaCO_3$ 计）	≤150	≤300	≤450	≤550	>550
溶解性总固体/$(mg \cdot L^{-1})$	≤300	≤500	≤1 000	≤2 000	>2 000
铁(Fe)/$(mg \cdot L^{-1})$	≤0.1	≤0.2	≤0.3	≤1.5	>1.5
钼(Mo)/$(mg \cdot L^{-1})$	≤0.001	≤0.01	≤0.1	≤0.5	>0.5
钴(Co)/$(mg \cdot L^{-1})$	≤0.005	≤0.05	≤0.05	≤1.0	>1.0
高锰酸盐指数/$(mg \cdot L^{-1})$	≤1.0	≤2.0	≤3.0	≤10	>10
氟化物/$(mg \cdot L^{-1})$	≤1.0	≤1.0	≤1.0	≤2.0	>2.0
汞(Hg)/$(mg \cdot L^{-1})$	≤0.000 05	≤0.000 5	≤0.001	≤0.001	>0.001
砷(As)/$(mg \cdot L^{-1})$	≤0.005	≤0.01	≤0.05	≤0.05	>0.05
硒(Se)/$(mg \cdot L^{-1})$	≤0.01	≤0.01	≤0.01	≤0.1	>0.1
镉(Cd)/$(mg \cdot L^{-1})$	≤0.000 1	≤0.001	≤0.01	≤0.01	>0.01
铬(六价)(Cr^{6+})/$(mg \cdot L^{-1})$	≤0.005	≤0.01	≤0.05	≤0.1	>0.1
铅(Pb)/$(mg \cdot L^{-1})$	≤0.005	≤0.01	≤0.05	≤0.1	>0.1

表 8 – 14　地下水质量级别评价表

类别	优良	良好	较好	较差	极差
F	<0.80	0.80 ~ 2.50	2.50 ~ 4.25	4.25 ~ 7.20	>7.20

通过对 GRY1 号井地热水进行热储地热水质量评价，得出结论如下：地热流体检测质量分析结果为 7.44，水质级别为极差。主要体现在溶解性总固体、总硬度、氟化物、高锰酸钾指数超标，具体内容如表 8 - 15 所示。因此，本井地热水不适宜直接作为饮用天然矿泉水开发、渔业养殖、农田灌溉，可经处理后发展渔业养殖与农田灌溉。

表 8 - 15　GRY1 号井地热水质量分析一览表

项目	实测值	类别	分值
色度	12	III	3
嗅和味	无	I	0
浑浊度	2.5	I	0
总硬度	699.20	V	10
溶解性总固体	6 283.04	V	10
高锰酸钾指数	11.45	V	10
汞（Hg）	<0.000 07	II	1
铬（Cr^{6+}）	0.000 4	I	0
铁（Fe）	4.34	V	10
镉（Cd）	<0.005	I	0
铅（Pd）	0.000 34	I	0
锌（Zn）	<0.02	I	0
PH	7.02	I	0
砷（As）	0.009 2	II	1
硒（Se）	0.003 0	I	0
钼（Mo）	0.028	II	1
氟化物	6.31	V	10
综合评价	$F = 7.44$ 极差		

根据《理疗热矿水水质标准》（GB 11615—2010）衡量，GRY1 号孔水样检测结果溴、碘、铁等测试结果未能达到理疗热矿水水质标准，锶的浓度达到了医疗价值浓度；锶、氟达到了矿水浓度。地热水矿水特征如表 8 - 16 所示。

表 8 – 16　理疗热矿水化验成果

成分名称	本井含量/ (mg · L^{-1})	有医疗价值浓度/ (mg · L^{-1})	矿水浓度/ (mg · L^{-1})	命名矿水浓度/ (mg · L^{-1})	矿水名称
总硫化氢	0.002 4	1	1	2	硫化氢水
锶	13.02	10	10	10	锶水
氟	6.31	1	2	2	氟水
溴	3.34	5	5	25	溴水
碘	0.25	1	1	5	碘水
铁	4.34	10	10	10	铁水
偏硼酸	7.69	1.2	5	50	硼水
氡/(Bq · L^{-1})	0.399	37	47.14	129.5	氡水

在水体中，当氟含量大于 1.0 mg/L 时，称为氟超标，也称高氟水，为医疗热矿水。按国家医疗热矿水的水质标准，水中氟含量在 2 mg/L 以上者称氟水。既可浴用，又可饮用，对人体具有良好的医疗、保健作用。氟是人体必需的微量元素之一。人体摄入适量的氟，有利于钙和磷的利用及在骨骼中沉积，可加速骨骼的形成，增加骨骼的硬度。

按国家医疗热矿水和饮用天然矿泉水的水质标准，水体中锶含量在 10 mg/L 以上称医疗锶水。锶是人体骨骼和牙齿的正常组成部分，与骨骼的形成密切相关；锶还与心血管的功能与构造以及神经和肌肉的兴奋性有关。利用锶水洗浴对血管病、高血压、冠心病、心肌炎、慢性关节炎、慢性湿疹、牛皮癣和骨质疏松等疾病有特殊疗效。

综上所述，本井地热水适宜发电、供暖、医疗、农田灌溉、养殖等项目的开发利用。

8.4　本章小结

（1）研究区所属的献县地热田属沉积盆地型地热资源类型，4 km 以浅热储资源量可开采量为 0.80×10^{20} J，折合标准煤 27 亿 t；寒武—奥陶系热储地热资

源量为 1.17×10^{20} J，折合标准煤 3.99×10^{9} t；可采资源量为 1.75×10^{19} J，折合标准煤 5.97 亿 t；地热流体静储量为 1.75×10^{10} m³，地热流体可采资源量为 8.75×10^{8} m³。

（2）献县地热田面积约 719.06 km²，当储厚比采用 25% 计算时，献县地热田 4 km 以浅雾迷山组、高于庄组热储地热资源量为 3.00×10^{20} J，折合标准煤 102 亿 t。

（3）研究区内 6 km 以浅，干热岩资源量为 4.72×10^{20} J，折合标准煤为 161 亿 t；6 ~ 7 km 深度，干热岩资源量为 1.58×10^{21} J，折合标准煤为 538 亿 t；7 ~ 8 km 深度，干热岩资源量为 2.52×10^{21} J，折合标准煤为 861 亿 t；8 ~ 9 km 深度，干热岩资源量为 2.75×10^{21} J，折合标准煤为 937 亿 t；9 ~ 10 km 深度，干热岩资源量为 3.56×10^{21} J，折合标准煤为 121 亿 t。即 10 km 以浅干热岩资源量折合标准煤为 3 710 亿 t。

（4）GRY1 号钻孔抽水试验表明，3 701.16 ~ 4 025.82 m 含水层段出口水温 103.50 ℃，估算求得本区基岩利用段热储地热资源量为 1.27×10^{18} J，相当于标准煤 4 335 万 t，利用前景广阔，应将其进行梯级充分利用。

9

结论与建议

9.1 研究结果

本次"河北省中部平原沧县台拱带干热岩资源预查"工作，完成了设计工作量，取得了丰富的地质成果，达到了干热岩勘查的目的。本次工作主要取得了以下成果：

（1）项目的实施，成功完成了京津冀首口干热岩参数孔，孔深4 025.82 m；了解了施工区断裂构造的赋存状况；查明了参数孔4 km以浅的地层层序；揭穿了蓟县系地层，终孔层位为长城系高于庄组，发现了长城系中温热储层，4 004.93 m温度达107.56 ℃，出口水温103.50 ℃，可以广泛应用于发电、供暖、养殖、洗浴等。完成了我国以碳酸盐岩为目标的干热岩资源勘查工作，为华北平原区深部地热资源勘查提供了技术依据，为干热岩资源勘查规范的制定奠定了基础，开创了该领域的先河。

（2）首次在沧县台拱带揭穿了蓟县系地层，并揭露了长城系高于庄组地层，初步查明区内地层层序及地层结构。

本次钻孔GRY1终孔深度4 025.82 m，超过设计孔深25.82 m，揭露地层由老到新依次为：长城系高于庄组（Chg），本次未揭穿，揭露厚度为 258.36 m；蓟县系杨庄组（Jxy）地层底界深度 3 767.46 m，厚度为 744.39 m；蓟县系雾迷山组（Jxw）地层底界深度 3 023.07 m，厚度为 1 696.47 m；新近系（N）地层底界深度 1 326.60 m，厚度为 822.64 m；第四系（Q）地层底界深度 503.96 m，厚度为 503.96 m。

（3）第一次发现了华北平原区长城系高于庄组中赋存中温热水，是水热型热储层，证实了它又是一个基岩热储层，并对此地热资源进行了评价。

对 GRY1 号钻孔 3 701.16 ~ 4 025.82 m 进行了三个降深的稳定流抽水试验，最高出口水温为 103.50 ℃，最大降深 43.74 m，实测水量为 59.63 m³/h。钻孔揭露长城系高于庄组岩溶裂隙发育，含水量较大，水温高，底部 4 004.93 m 孔底温度达 107.56 ℃，出水温度为 103.50 ℃。

（4）建立了华北沉积盆地型干热岩成藏模式。

研究区为传导型地热系统，地下热源主要来自地幔供热及放射性元素衰变生热、厚度适中的热储盖层，为热流的聚集起到了良好的保温隔热作用。高于庄热储地热水为古大气降水经溶滤作用形成的古埋藏水，基岩热储层补给水来源甚微，为封闭消耗性地下水。地下热水的径流与排泄受基地构造和古地形地貌及各隔水层的控制，径流非常缓慢，雾迷山热储与基岩热储之间水力联系极弱，地热水的排泄方式主要为人工开采。

（5）第一次在地热钻孔中开展了压裂试验，通过压裂试验获得了相关参数，为深部碳酸盐岩热储改造积累了宝贵经验，为华北平原区深地探测奠定了一定的基础。

通过抽水试验数据对比，压裂前后降深由 89.32 m 降至 70.33 m，变化幅度为 18.99 m；单位涌水量由 0.185 4 L/(s·m) 增至 0.274 0 L/(s·m)，压裂效果较明显。

（6）预测了区内干热岩赋存状况。

GRY1 号钻孔虽然没有直接揭露干热岩，但是依据所揭露的地层及地温场特征推算了 GRY1 号钻孔 150 ℃ 埋藏深度为 5 400 m，岩性为石英砂岩，符合干热岩资源赋存的地质条件。

利用体积法，估算研究区 6 km 以浅干热岩资源量为 4.72×10^{20} J，折合标准煤为 161 亿 t。10 km 以浅干热岩资源量为 10.88×10^{21} J，折合标准煤为 3 710 亿 t，如果只开采 2%，折合标准煤为 74.20 亿 t。

（7）估算了研究区内 4 km 以浅热储资源量。

研究区 6 396 km^2 范围内 4 km 以浅奥陶系—寒武系热储可采资源量为折合标准煤 5.97 亿 t；蓟县雾迷山组热储和高于庄组热储可采资源量折合标准煤 27 亿 t；GRY1 号钻孔控制范围内（30 km^2）高于庄组热储地热资源量折合标准煤 9 354 万 t，每年可开采水量 87 700 m^3。

（8）初步查明了研究区地温场特征及深部岩溶地层地热特征。

全孔测温数据分析得出，新生界地温梯度为 3.24 ℃/100 m；雾迷山组上部富水性强，地温梯度为 0.30 ℃/100 m；雾迷山组中部—杨庄组上部富水性相对较弱，地温梯度为 1.44 ℃/100 m；杨庄组下部至长城系高于庄组上部，富水性变强，地温梯度为 -1.69 ℃/100 m；钻孔孔底地温梯度为 1.80 ℃/100 m，预计长城系底界（5 400 m）温度 150.87 ℃。

（9）初步查明了研究区内岩石热导率、生热率、比热等相关参数。

（10）通过本次 4 km 深孔钻进，为今后施工类似深孔提供了可借鉴的钻探经验和相关的工艺技术。

（11）验证了干热岩温度场空间模型，并根据本次钻探揭示的温度场分布特征，修正了设计时推算的温度场参数。

（12）对区内地热资源开发利用前景进行了分析。

分析结果显示，考虑回灌条件下，利用深部高于庄组水热型地热可采资源量为 200 m^3/h，入口温度 103.50 ℃，发电后排出水温度为 79 ℃，减去抽水的成本可以形成发电能力达到 450 kW·h，年发电量可达 360 万度，每年可减少 CO_2 排放量为 3 092 t，减少 SO_2 排放量 22.03 t，减少悬浮质粉尘排放量 10.37 t，煤灰渣排放量 1.30 t。发电余热可供 11.2 万 m^2 住宅取暖，经济开发潜力巨大。

9.2　建议

（1）长城系高于庄组为水热型热储，出口水温高达 103.50 ℃，水量丰富。

建议利用干热岩参数孔进行长期监测和科学研究，建设地热开发综合利用示范基地，进一步研究回灌、地热发电、供暖制冷、热带养殖等地热梯级利用技术，为京津冀地热干热岩勘查开发提供新模式。

（2）开辟地热第二空间，支撑绿色发展。加大沧州—雄安一带深部地热资源勘查力度，雄安新区与沧县台拱带地质条件相似，深部地热干热岩资源赋存前景好，两区均可作为河北省地热干热岩勘查的重点区域。

（3）根据本次工作成果，建议在平原区，继续寻找基岩为长城系和太古界地层的干热岩资源，如对唐山沿海一带的干热岩进行进一步勘查。

（4）建议尽快出台干热岩勘查、开发利用的相关规范，做到有规范可依。

参考文献

[1] Bowers R W, Fox E L. Metabolic and thermal responses of man in various He − O − 2 and air environments [J]. Journal of applied physiology, 1967, 23 (4): 561 − 565.

[2] Archie G E. The electrical resistivity log as an aid in determining some reservoir characteristics [J]. Transactions of the AIME, 1942, 146, 54 − 62.

[3] Armienta M A, Rodríguez R, Ceniceros N, et al. Groundwater quality and geothermal energy. The case of Cerro Prieto Geothermal Field, México [J]. Renewable Energy, 2014, 63: 236 − 254.

[4] Arnórsson S, D'Amore F, Gerardo − Abaya J. Isotopic and chemical techniques in geothermal exploration, development and use [C]. International Atomic Energy Agency, 2000.

[5] Arnórsson S, Andrésdóttir A. Processes controlling the distribution of boron and chlorine in natural waters in Iceland [J]. Geochimica et Cosmochimica Acta, 1995, 59 (20): 4125 − 4146.

[6] Asta M P, Gimeno M J, Auqué L F, et al. Hydrochemistry and geothermometrical modeling of low − temperature Panticosa geothermal system (Spain) [J]. Journal of Volcanology and Geothermal Research, 2012, 235: 84 − 95.

[7] Avşar Ö, Güleç N, Parlaktuna M. Hydrogeochemical characterization and conceptual modeling of the Edremit geothermal field (NW Turkey) [J]. Journal of Volcanology and Geothermal Research, 2013, 262: 68 − 79.

[8] Ballantyne J M, Moore J N. Arsenic geochemistry in geothermal systems [J]. Geochimica et Cosmochimica Acta, 1988, 52 (2): 475 − 483.

[9] Becker J A, Bickle M J, Galy A, et al. Himalayan metamorphic CO_2 fluxes: Quantitative constraints from hydrothermal springs [J]. Earth and Planetary Science Letters, 2008, 265 (3): 616 − 629.

［10］ Brown L D, Zhao W, Nelson K D, et al. Bright spots, structure, and magmatism in southern Tibet from INDEPTH seismic reflection profiling ［J］. Science, 1996, 274 (5293): 1688 – 1690.

［11］ Chapelle F H. Groundwater geochemistry and calcite cementation of the Aquia aquifer in southern Maryland ［J］. Water Resources Research, 1983, 19 (2): 545 – 558.

［12］ Clark I D, Fritz P. Environmental Isotopes in Hydrogeology ［M］. New York: Lewis Publishers, 1997.

［13］ Craig H. The geochemistry of the stable carbon isotopes ［J］. Geochimica et Cosmochimica Acta, 1953, 3 (2): 53 – 92.

［14］ Edmunds W M, Carrillo – Rivera J J, Cardona A. Geochemical evolution of groundwater beneath Mexico City ［J］. Journal of Hydrology, 2002, 258 (1): 1 – 24.

［15］ Dotsika E, Leontiadis I, Poutoukis D, et al. Fluid geochemistry of the Chios geothermal area, Chios Island, Greece ［J］. Journal of Volcanology and Geothermal Research, 2006, 154 (3): 237 – 250.

［16］ Dotsika E, Poutoukis D, Raco B. Fluid geochemistry of the Methana Peninsula and Loutraki geothermal area, Greece ［J］. Journal of Geochemical Exploration, 2010, 104 (3): 97 – 104.

［17］ Dotsika E. Isotope and hydrochemical assessment of the Samothraki Island geothermal area, Greece ［J］. Journal of Volcanology and Geothermal Research, 2012, 233 – 234, 18 – 26.

［18］ Ellis F R, Zwana S L V. A study of body temperatures of anaesthetized man in the tropics ［J］. British Journal of Anaesthesia, 1977, 49 (11): 1123 – 1126.

［19］ El Naqa A, Al Kuisi M. Hydrogeochemical modeling of the water seepages through Tannur Dam, southern Jordan ［J］. Environmental Geology, 2004, 45 (8): 1087 – 1100.

［20］ Fournier R O, Truesdell A H. An empirical Na – K – Cageothermometer for natural waters ［J］. Geochim Cosmochim Acta, 1973, 37: 1255 – 1275.

[21] Fournier R O. Chemical geothermometers and mixing models for geothermal systems [J]. Geothermics. 1977, 5: 41 –55.

[22] Fournier R O, Ii R W P. Magnesium correction to the Na – K – Ca chemical geothermometer [J]. Geochimica Et Cosmochimica Acta, 1979, 43 (9): 1543 –1550.

[23] Fournier R O, Potter R W. Revised and expanded silica (quartz) geothermometer [J]. Bulletin Geothermal Resources Council, 1982, 11 (10): 3 –12.

[24] Frondini F, Caliro S, Cardellini C, et al. Carbon dioxide degassing and thermal energy release in the Monte Amiata volcanic – geothermal area (Italy) [J]. Applied Geochemistry, 2009, 24 (5): 860 –875.

[25] Guo Q H. Hydrogeochemistry of high – temperature geothermal systems in China: A review [J]. Applied Geochemistry, 2012, 27 (10): 1887 –1898.

[26] Giggenbach W F. Geothermal solute equilibria. derivation of Na – K – Mg – Ca geoindicators [J]. Geochimica et Cosmochimica Acta, 1988, 52 (12): 2749 – 2765.

[27] Grassi S, Amadori M, Pennisi M, et al. Identifying sources of B and As contamination in surface water and groundwater downstream of the Larderello geothermal – industrial area (Tuscany – Central Italy) [J]. Journal of Hydrology, 2014, 509: 66 –82.

[28] Giggenbach W F, Hendenquist J W, Houghton B F, et al. Research drilling into the volcanic hydrothermal system on White Island, New Zealand [J]. Eos, Transactions American Geophysical Union, 1989, 70 (7): 98 –108.

[29] Göb S, Loges A, Nolde N, et al. Major and trace element compositions (including REE) of mineral, thermal, mine and surface waters in SW Germany and implications for water – rock interaction [J]. Applied Geochemistry, 2013, 33: 127 –152.

[30] Grimaud D, Huang S, Michard G, et al. Chemical study of geothermal waters of Central Tibet (China) [J]. Geothermics, 1985, 14 (1): 35 –48.

[31] Helgeson H C. Evaluation of irreversible reactions in geochemical processes in-

volving minerals and aqueous solutions [J] . Geochimica et Cosmochimica Acta, 1968, 32 (8): 853 – 877.

[32] Hidalgo M C, Cruz – Sanjulián J. Groundwater composition, hydrochemical e-volution and mass transfer in a regional detrital aquifer (Baza basin, southern Spain) [J] . Applied Geochemistry, 2001, 16 (7): 745 – 758.

[33] Hoke L, Lamb S, Hilton D R, et al. Southern limit of mantle – derived geothermal helium emissions in Tibet: Implications for lithospheric structure [J] . Earth and Planetary Science Letters, 2000, 180 (3): 297 – 308.

[34] Klemperer S L, Kennedy B M, Sastry S R, et al. Mantle fluids in the Karakoram fault: Helium isotope evidence [J] . Earth and Planetary Science Letters, 2013, 366: 59 – 70.

[35] Kenoyer G J, Bowser C J. Groundwater chemical evaluation in a sandy silicate aquifer in northern Wisconsin: 2. Reaction modeling [J] . Water Resources Research, 1992, 28 (2): 591 – 600.

[36] Feng J L, Zhao Z H, Chen F. Rare earth elements in sinters from the geothermal waters (hot springs) on the Tibetan Plateau, China [J] . Journal of Volcanology and Geothermal Research, 2014, 287: 1 – 11.

[37] Lambrakis N, Kallergis G. Contribution to the study of Greek thermal springs: Hydrogeological and hydrochemical characteristics and origin of thermal waters [J] . Hydrogeology Journal, 2005, 13 (3): 506 – 521.

[38] Lambrakis N, Zagana E, Katsanou K. Geochemical patterns and origin of alkaline thermal waters in Central Greece (Platystomo and Smokovo areas) [J] . Environmental Earth Sciences, 2013, 69 (8): 2475 – 2486.

[39] Mariita N O. Application of geophysics to geothermal energy exploration and monitoring of its exploitation [C] . Short Course Ⅳ on Exploration for Geothermal Resources, Lake Naivasha, Kenya, 2009: 1 – 22.

[40] Merkel B J, Planer F B. Groundwasserchemie: Praxisorientierter Leitfaden zur numerischen Moedllierung von Beschaffenheit, Kontamination and Sanierung aquatischer Systeme; mit 56 Tabellen [M] . New York: Springer DE, 2002.

[41] Nieva D, Nieva R. Developments in geothermal energy in Mexico – part twelve. A cationic geothermometer for prospecting of geothermal resources [J]. Heat Recovery Systems and CHP, 1987, 7 (3): 243 – 258.

[42] Newell D L, Jessup M J, Cottle J M, et al. Aqueous and isotope geochemistry of mineral springs along the southern margin of the Tibetan plateau: Implications for fluid sources and regional degassing of CO_2 [J]. Geochemistry, Geophysics, Geosystems, 2008, 9 (8): 1 – 20.

[43] Nier A O, Gulbransen E A. Variations in the relative abundance of the carbon isotopes [J]. Journal of the American Chemical Society, 1939, 61 (3): 697 – 698.

[44] Nordstrom D K, Jenne E A. Fluorite solubility equilibria in selected geothermal waters [J]. Geochimica et Cosmochimica Acta, 1977, 41 (2): 175 – 188.

[45] Panichi C, Ferrara G C, Gonfiantini R. Isotope geothermometry in the larderello geothermal field [J]. Geothermics, 1977, 5 (1): 81 – 88.

[46] Panichi C, Veronesi G. Warm Water From the Soil for Our Greenhouses: Technologies and Realizations in the Geothermic Sector in Agriculture [M]. Italian: Terra E Vita, 1981.

[47] Parkhurst D L. Geochemical mole - balance modeling with uncertain data [J]. Water Resources Research, 1997, 33 (8): 1957 – 1970.

[48] Plummer L N, Parkhurst D L, Thorstenson D C. Development of reaction models for ground – water systems [J]. Geochimica et Cosmochimica Acta, 1983, 47 (4): 665 – 685.

[49] Saibi H, Ehara S. Temperature and chemical changes in the fluids of the Obama geothermal field (SW Japan) in response to field utilization [J]. Geothermics, 2010, 39 (3): 228 – 241.

[50] Sakai T, Yamaguchi A, Metz P. Thermal – hydraulic analysis for a sodium – heated steam generator using a multi – shell method [J]. Nuclear Engineering and Design, 2003, 219 (1): 35 – 46.

[51] Sanliyuksel D, Baba A. Hydrogeochemical and isotopic composition of a low –

temperature geothermal source in northwest Turkey: case study of Kirkgecit geo-
thermal area [J] . Environmental Earth Sciences, 2011, 62 (3): 529 –540.

[52] Schimmelmann A, Mastalerz M, Gao L, et al. Dike intrusions into bituminous
coal, Illinois Basin: H, C, N, O isotopic responses to rapid and brief heating
[J] . Geochimica et Cosmochimica Acta, 2009, 73 (20): 6264 –6281.

[53] Sekhar M, Braun J J, Rao K V H, et al. Hydrogeochemical modeling of organo –
metallic colloids in the Nsimi experimental watershed, South Cameroon [J] .
Environmental Geology, 2008, 54 (4): 831 –841.

[54] Shapiro, N M, Campillo, M. , Stehly, L, et al. High – resolution surface – wave
tomography from ambient seismic noise [J]. Science, 2005, 307: 1615 –1618.

[55] Spycher N, Peiffer L, Sonnenthal E L, et al. Integrated multicomponent solute
geothermometry [J] . Geothermics, 2014, 51 (7): 113 – 123.

[56] Tan X B, Lee Y H, Chen W Y, et al. Exhumation history and faulting activity
of the southern segment of the Longmen Shan, eastern Tibet [J] . Journal of A-
sian Earth Sciences, 2014, 81 (4): 91 – 104.

[57] Truesdell A H, Haizlip J R, Armannsson H, et al. Origin and transport of
chloride in superheated geothermal steam [J] . Geothermics, 1989, 18 (1):
295 – 304.

[58] Truesdell A H. WATEQ a computer program for calculating chemical equilibria of
natural waters [J] . Jour. Res. U. S. Geol. Surv. , 1976, (2): 233 –248.

[59] Uliana M M, Sharp J M. Tracing regional flow paths to major springs in Trans –
Pecos Texas using geochemical data and geochemical models [J] . Chemical
Geology, 2001, 179 (1): 53 –72.

[60] Valentino G M, Stanzione D. Source processes of the thermal waters from the
Phlegraean Fields (Naples, Italy) by means of the study of selected minor
and trace elements distribution [J] . Chemical Geology, 2003, 194 (4):
245 –274.

[61] Verma S P, Pandarinath K, Santoyo E. Sol Geo: A new computer program for
solute geothermometers and its application to Mexican geothermal fields [J] .

Geothermics, 2008, 37: 597 - 621.

[62] Wang Y, Guo Q. The Yangbajing geothermal field and the Yangyi geothermal field: two representative fields in Tibet, China [C]. Proceedings of the World Geothermal Congress, 2010: 25 - 29.

[63] Wicks C M, Herman J S. The effect of a confining unit on the geochemical evolution of groundwater in the Upper Floridan aquifer system [J]. Journal of Hydrology, 1994, 153 (1): 139 - 155.

[64] White D E. Some principles of geyser activity, mainly from Steamboat Springs, Nevada [J]. American Journal of Science, 1967, 265 (8): 641 - 684.

[65] Xu T F, Pruess K. Modeling multiphase non - isothermal fluid flow and reactive geochemical transport in variably saturated fractured rocks: 1. Methodology [J]. American Journal of Science, 2001, 301 (1): 16 - 33.

[66] Xu T, Spycher N, Sonnenthal E, et al. TOUGHREACT Version 2.0: A simulator for subsurface reactive transport under non - isothermal multiphase flow conditions [J]. Computers & Geosciences, 2011, 37 (6): 763 - 774.

[67] Yokoyama T, Nakai S, Wakita H. Helium and carbon isotopic compositions of hot spring gases in the Tibetan Plateau [J]. Journal of volcanology and geothermal research, 1999, 88 (1): 99 - 107.

[68] 陈墨香. 华北地热 [M]. 北京: 科学出版社, 1988.

[69] 蔡祖煌, 石慧馨, 穆松林, 等. 念青唐古拉山山前断裂羊八井段现今活动深度的同位素研究 [J]. 科学通报, 1985, 30 (24): 1891 - 1893.

[70] 陈墨香, 汪集暘. 中国地热研究的回顾与展望 [J]. 地球物理学报, 1994, 37: 320 - 338.

[71] 陈宗宇, 齐继祥, 张兆吉, 等. 北方典型盆地同位素水文地质学方法应用 [M]. 北京: 科学出版社, 2010.

[72] 戴金星, 戴春森. 中国一些地区温泉中天然气的地球化学特征及碳、氦同位素组成 [J]. 中国科学: B 辑, 1994, 24 (4): 426 - 433.

[73] 戴金星. 中国东部无机成因气及其气藏形成条件 [M]. 北京: 科学出版社, 1995.

［74］邓紫娟．云南省腾冲热海地热田水化学及同位素特征［D］．北京：中国地质大学（北京），2009.

［75］佟伟，章铭陶．西藏的地热活动特征及其对高原构造模式的控制意义［J］．北京大学学报（自然科学版），1982，01：89－98＋114.

［76］高博，陈践发，王先彬．陆地水热系统气体地球化学研究进展［J］．地球科学进展，2004，19（2）：211－217.

［77］顾慰祖，庞忠和，王全九，等．同位素水文学［M］．北京：科学出版社，2011.

［78］郭永海，沈照理．河北平原深层碱性淡水形成的水文地球化学模拟——以保定、沧州地区为例［J］．地球科学：中国地质大学学报，2002，27（2）：157－162.

［79］韩同林．喜马拉雅岩石圈构造演化：西藏活动构造［M］．中华人民共和国地质矿产部专报（五）构造地质·地质力学第4号．北京：地质出版社，1987.

［80］胡先才，刘彦广．西藏古堆高温地热资源勘查钻获205 ℃高温蒸汽［J］．中国地质调查成果快讯，2016，2（10）：26－27.

［81］胡先才，孙继东，姚中华，等．西藏地热活动与开发对地质环境的影响［J］．山地学报，2003，21（S1）：45－48.

［82］胡先才，范珍材，赵福龙，等．青藏铁路沿线重点地区深部水文地质调查评价报告［R］．2016.

［83］李云贵，王作堂，徐贵键，等．拉萨幅8－46错那幅7－46 1/100万区域水文地质普查报告［R］．1990.

［84］李百寿，秦其明，侯贵廷，等．被动式超低频电磁法在深部地热资源勘察中的应用——以JR－119井及JR－168井为例［J］．地球物理学进展，2009，24（2）：699－706.

［85］李振清．青藏高原碰撞造山过程中的现代热水活动［D］．北京：中国地质科学院，2002.

［86］刘久荣，潘小平，杨亚军，等．北京城区地热田某地热井热水地球化学研究［J］．现代地质，2002，03：318－321.

[87] 刘昭. 西藏尼木—那曲地热带典型高温地热系统形成机理研究 [D]. 北京：中国地质科学院，2014.

[88] 罗志龙. Eh-4 电磁成像系统在热储构造勘查中的应用研究 [J]. 科技广场，2010，(8)：155-158.

[89] 吕苑苑，郑绵平. 盐湖硼、锂、锶、氯同位素地球化学研究进展 [J]. 矿床地质，2014，33 (5)：930-944.

[90] 马致远，余娟，李清，等. 关中盆地地下热水环境同位素分布及其水文地质意义 [J]. 地球科学与环境学报，2008，30 (4)：396-401.

[91] 庞忠和，樊志成，汪集旸. 漳州盆地地下热水成因与海水混入的同位素证据 [J]. 地球化学，1990，(4)：296-302.

[92] 庞忠和. 全体系地球化学模拟与水岩相互作用研究 [J]. 地学前缘，1996 (3)：119-123.

[93] 庞忠和，胡圣标，汪集旸. 中国地热能发展路线图 [J]. 科技导报，2012，30 (32)：3-10.

[94] 庞忠和，杨峰田，罗璐. 地热田储层温度的研究方法 [M]. 北京：科学出版社，2013.

[95] Г·А·切列缅斯基. 实用地热学 [M]. 北京：地质出版社，1982.

[96] 沈立成. 中国西南地区深部脱气地质作用与碳循环研究 [D]. 重庆：西南大学，2007.

[97] 沈照理. 水文地球化学基础 [M]. 北京：地质出版社，1996.

[98] 沈照理，王焰新，郭华明. 水—岩相互作用研究的机遇与挑战 [J]. 地球科学——中国地质大学学报，2012，37 (2)：207-219.

[99] 童孝忠，佟铁钢. CSAMT 和重力方法在狮子湖温泉深部地球物理勘查中的应用 [J]. 地球物理学进展，2009，24 (5)：1868-1873.

[100] 谭捍东，魏文博，Martyn Unsworth，等. 西藏高原南部雅鲁藏布江缝合带地区地壳电性结构研究 [J]. 地球物理学报，2004，47 (4)：685-690.

[101] 谭捍东，姜枚，吴良士，等. 青藏高原电性结构及其对岩石圈研究的意义 [J]. 中国地质，2006，33 (4)：906-911.

[102] 佟伟，章铭陶. 西藏的地热活动特征及其对高原构造模式的控制意义

[J]．北京大学学报（自然科学版），1982，01：89 – 98 + 114.

[103] 万登堡．腾冲热海温泉群化学特征与形成机理研究 [J]．地震研究，1998，04：98 – 106.

[104] 王东升，王经兰．中国地热水的基本类型和成因特征 [J]．第四纪研究，1996，02：139 – 146.

[105] 王福花，孙文广，朱国庆，等．EH – 4 大地电磁测量仪在山东泰安徂徕地热田勘察中的应用 [J]．山东国土资源，2007，23（9）：8 – 10.

[106] 王广才，沈照理．平顶山矿区岩溶水系统水—岩相互作用的随机水文地球化学模拟 [J]．水文地质工程地质，2000，27（3）：9 – 11.

[107] 王广才，张作辰，汪民，等．延怀盆地地热水与稀有气体的地球化学特征 [J]．地震地质，2003，25（3）：422 – 430.

[108] 王丽，王金生，林学钰．水文地球化学模型研究进展 [J]．水文地质工程地质，2003，6：105 – 109.

[109] 王焰新，马腾，罗朝晖．山西柳林泉域水 – 岩相互作用地球化学模拟 [J]．地球科学——中国地质大学学报，1998，23（5）：519 – 523.

[110] 卫克勤，林瑞芬，王志祥．西藏羊八井地热水的氢、氧稳定同位素组成及氚含量 [J]．地球化学，1983，04：338 – 346.

[111] 魏文博，金胜，叶高峰，等．藏南岩石圈导电性结构与流变性：超宽频带大地电磁测深研究结果 [J]．中国科学（D 辑：地球科学），2009，39（11）：1591 – 1606.

[112] 吴璐苹，石昆法，李荫槐，等．可控源音频大地电磁法在地下水勘查中的应用研究 [J]．地球物理学报，1996，39：712 – 717，723 – 724.

[113] 肖琼，沈立成，杨雷，等．重庆北温泉地热水碳硫同位素特征研究 [J]．水文地质工程地质，2013，40（4）：127 – 133.

[114] 肖琼，杨雷，蒲俊兵，等．重庆温塘峡背斜地表水—地下水—浅层地热水中硫同位素的环境指示意义研究 [J]．地质学报，2016，90（8）：1945 – 1954.

[115] 徐丹．PHREEQC 在五大连池富 CO_2 冷矿泉成因分析中的应用 [J]．地下水，2010（1）：8 – 10.

[116] 徐衍兰，高宗军，李佳佳．PHREEQC 在济南泉水来源判别中的应用与效

果［J］．地下水，2015（1）：4-5.

［117］于津生，张鸿斌，虞福基，等．西藏东部大气降水氧同位素组成特征［J］．地球化学，1980，（02）：113-121.

［118］闫佰忠．长白山玄武岩区地热水资源成因机制研究［D］．长春：吉林大学，2016.

［119］云南省地质调查院．隆子县幅 H46C004002 扎日区幅 H46C004002 1/25 万区域地质调查报告［R］．2005.

［120］中华人民共和国国家市场监督管理总局，中国国家标准化管理委员会．GB/T11615-2010．中华人民共和国国家标准——地热资源地质勘查规范［M］．北京：中国标准出版社，2011.

［121］赵阳升．高温岩体地热开发的岩石力学问题——21 世纪新兴岩石力学与工程发展展望［C］.//中国岩石力学与工程学会．新世纪岩石力学与工程的开拓和发展中国岩石力学与工程学会第六次学术大会论文集．北京：中国科学技术出版社，2000.

［122］赵元艺，赵希涛，马志邦，等．西藏谷露热泉型铯矿床年代学及意义［J］．地质学报，2010，02：211-220.

［123］赵元艺，赵希涛，李振清，等．西藏第四纪泉水活动与铯的成矿效应［M］．北京：地质出版社，2010.

［124］张炜斌，杜建国，周晓成，等．首都圈西部盆岭构造区地热水水文地球化学研究［J］．矿物岩石地球化学通报，2013（4）：489-496.

［125］张永双，胡道功，吴中海，等．滇藏铁路沿线地壳稳定性及重大工程地质问题［M］．北京：地质出版社，2009.

［126］张希友，李国政．长白山地热田地质及地球化学特征［J］．吉林地质，2006，25（1）：25-30.

［127］张知非，林海．美国地球科学研究的新动向［J］．地球科学进展，1989，04：6-9.

［128］赵慧．关中盆地地热水地球化学及其开发利用的环境效应研究［D］．西安：长安大学，2009.

［129］赵平，多吉，梁廷立，等．西藏羊八井地热田气体地球化学特征［J］．

科学通报，1998，43（07）：691 - 696.

[130] 赵平，金建，张海政，等. 西藏羊八井地热田热水的化学组成［J］. 科学通报，1998，33（01）：61 - 72.

[131] 赵平，Mack KENNEDY，多吉，等. 西藏羊八井热田地热流体成因及演化的惰性气体制约［J］. 岩石学报，2001，17（3）：497 - 503.

[132] 赵平，谢鄂军，多吉，等. 西藏地热气体的地球化学特征及其地质意义［J］. 岩石学报，2002，18（4）：539 - 550.

[133] 赵平，多吉，谢鄂军，等. 中国典型高温热田热水的锶同位素研究［J］. 岩石学报，2003，19（3）：569 - 576.

[134] 赵淑珍，封建祥. 天津地热异常与地球物理场的相关性［J］. 桂林理工大学学报，1982（4）：54 - 65.

[135] 赵文津. 西藏羊八井深部构造—地震—地热关系及机理调查研究［D］. 北京：中国地质科学院，2003.

[136] 郑淑蕙，侯发高，倪葆龄. 我国大气降水的氢氧稳定同位素研究［J］. 科学通报，1983，13：801 - 806.

[137] 郑灼华. 西藏羊八井地热田热储资源评价［J］. 地球科学——中国地质大学学报，1983，2：147 - 160.

[138] 《中国河湖大典》编纂委员会. 中国河湖大典西南诸河卷［M］. 北京：中国水利水电出版社，2014.

[139] 周厚芳，刘闯，石昆法. 地热资源探测方法研究进展［J］. 地球物理学进展，2003，18：656 - 661.

[140] 周安朝，赵阳升，郭进京，等. 西藏羊八井地区高温岩体地热开采方案研究［J］. 岩石力学与工程学报，2010，29（s2）：4089 - 4095.

[141] 周训，周海燕，方斌，等. 浅析开采条件下地热水资源的演变［J］. 地质通报，2006，04：482 - 486.

[142] 朱炳球，朱立新，史长义，等. 地热田地球化学勘查［M］. 北京：地质出版社，1992.

[143] 朱家玲，王坤，王东升. 环境同位素在研究地热资源形成过程中的应用［J］. 太阳能学报，2008，03：263 - 266.

［144］朱梅湘, 徐勇. 西藏羊八井地热田水热蚀变［J］. 地质科学, 1989, 02: 162 – 175 + 214.

［145］曾昭发, 陈雄, 李静, 等. 地热地球物理勘探新进展［J］. 地热能, 2012（5）: 3 – 12.

［146］郑西来, 刘鸿俊. 地热温标中的水—岩平衡状态研究［J］. 西安地质学院学报, 1997, 18（1）: 74 – 79.

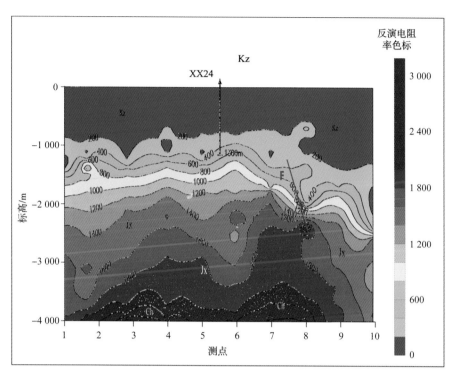

图 2-1　A 线反演电阻率断面图

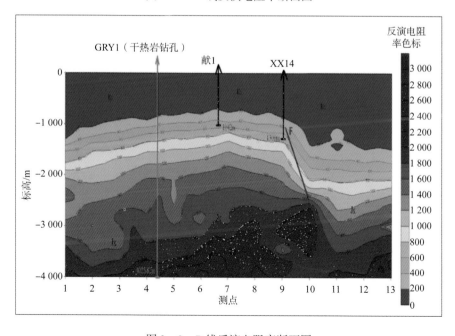

图 2-2　B 线反演电阻率断面图

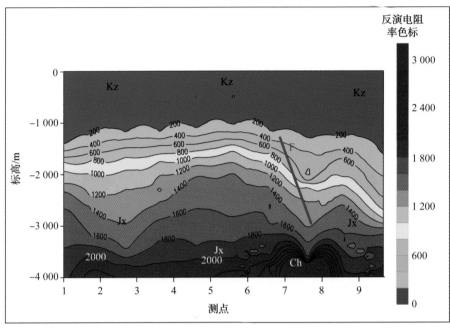

图 2-3　C 线反演电阻率断面图

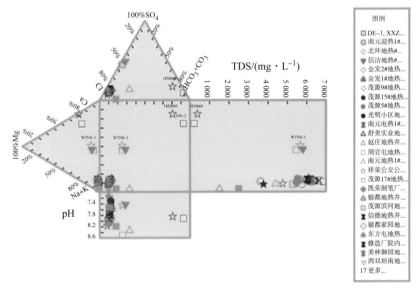

图 4-1　研究区地热流体 Durov 图

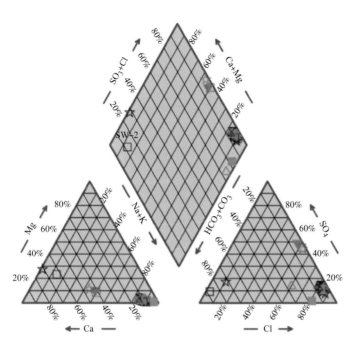

图 4-2 研究区地热水 piper 图

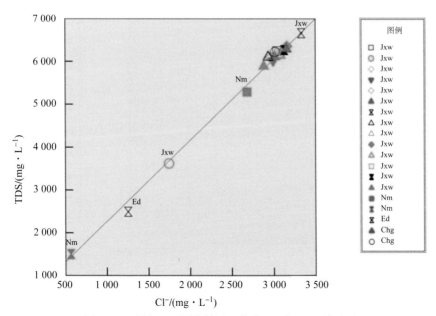

图 4-3 研究区不同热储层地热水 Cl⁻ 与 TDS 关系图

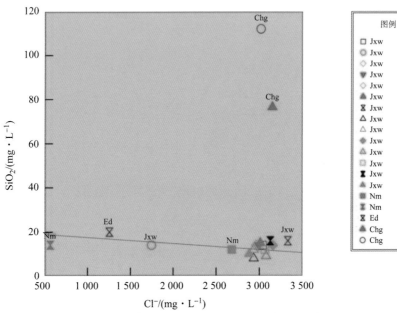

图 4-4　研究区不同热储层地热水 Cl⁻ 与 SiO₂ 关系图

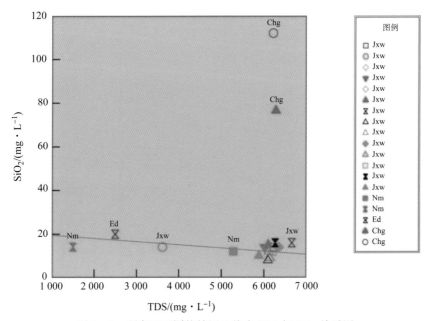

图 4-5　研究区不同热储层地热水 TDS 与 SiO₂ 关系图

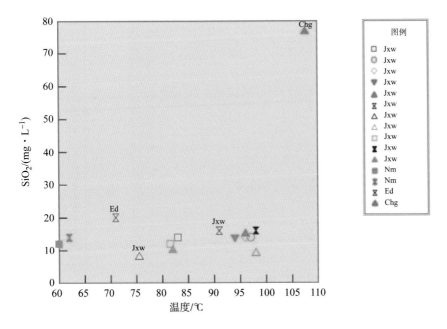

图 4 - 6　研究区不同热储层地热水温度与 SiO_2 关系图

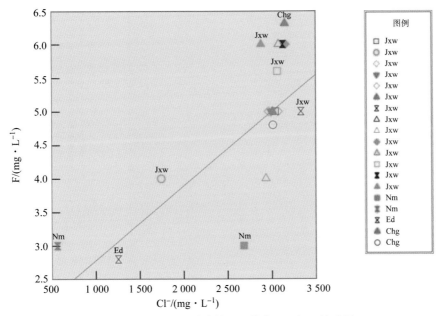

图 4 - 7　研究区不同热储层地热水 Cl^- 与 F 关系图

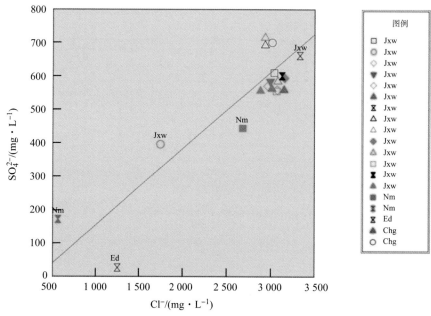

图 4-8 研究区不同热储层地热水 Cl^- 与 SO_4^{2-} 关系图

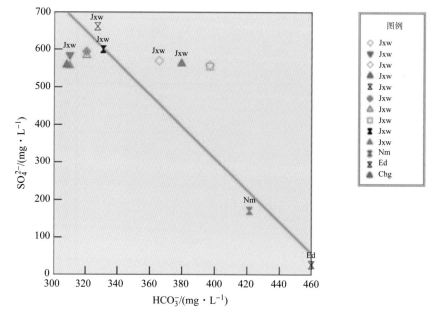

图 4-9 研究区不同热储层地热水 HCO_3^- 与 SO_4^{2-} 关系图

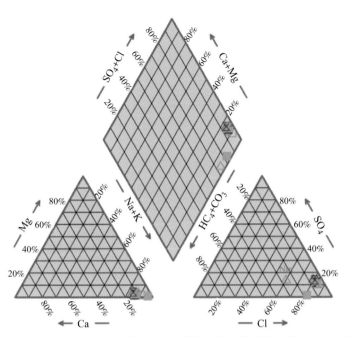

图 4 – 10　研究区不同热储层地热水 piper 图

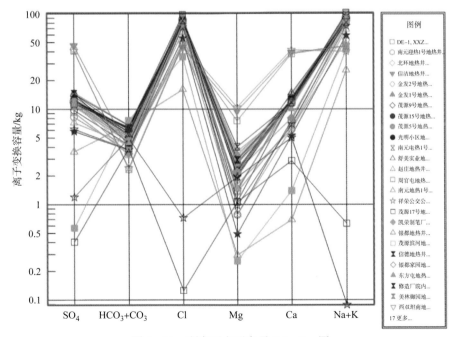

图 4 – 11　研究区主要离子 Schoeller 图

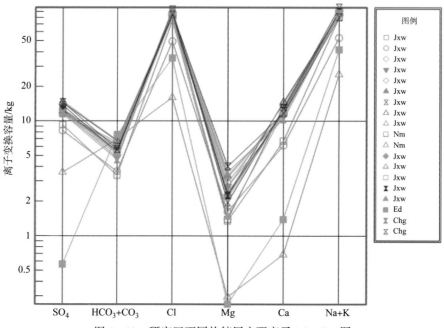

图 4 – 12   研究区不同热储层主要离子 Schoeller 图

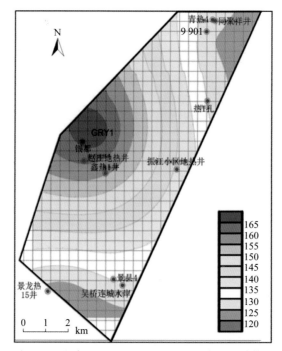

图 8 – 3   研究区 5 ~6 km 以浅干热岩资源量估算图

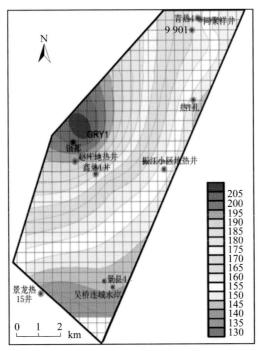

图 8-4 研究区 6~7 km 以浅干热岩资源量估算图

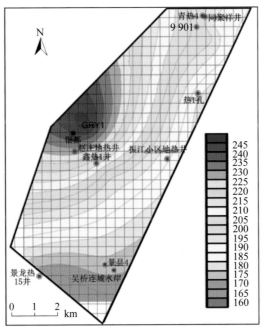

图 8-5 研究区 7~8 km 以浅干热岩资源量估算图

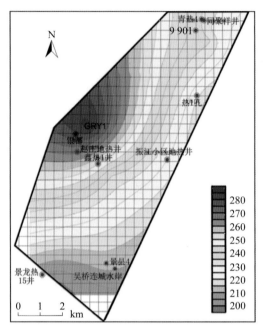

图 8-6 研究区 8~9 km 以浅干热岩资源量估算图

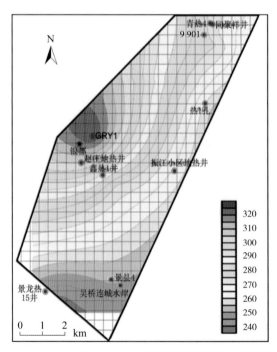

图 8-7 研究区 9~10 km 以浅干热岩资源量估算图